Be the Best Version of

做最好的自己

纸 兰 编著

辽海出版社

图书在版编目（CIP）数据

　　做最好的自己 / 纸兰编著 . — 沈阳：辽海出版社，
2017.10

　　　ISBN 978-7-5451-4444-4

　　Ⅰ . ①做… Ⅱ . ①纸… Ⅲ . ①成功心理－通俗读物
Ⅳ . ① B848.4-49

　　中国版本图书馆 CIP 数据核字（2017）第 249664 号

做最好的自己

责任编辑：柳海松
责任校对：丁　雁
装帧设计：廖　海
开　　本：630mm×910mm
印　　张：14
字　　数：181 千字
出版时间：2018 年 5 月第 1 版
印刷时间：2019 年 8 月第 3 次印刷

出版者：辽海出版社
印刷者：北京一鑫印务有限责任公司

ISBN 978-7-5451-4444-4　　　　定　价：68.00 元

序言 / PREFACE

　　生活是什么？生活是一首歌，生活是一段往事回味，生活是一壶陈年老酒……每个人都应学会享受生活，轻松而快乐地度过每一天。

　　但是，究竟有多少人能真正体会到生活的快乐呢？

　　生活本身是很美好的，只是我们把注意力放在了不该放的地方。现实生活中来自方方面面的压力让我们忽略了每天的阳光。我们每天都埋头于繁忙的工作中，无暇顾及路边的风景、别人的笑容、家人的关怀，从而开始变得沮丧、失落、伤心和忧郁。人生因此而变得迷茫、无所适从。

　　其实，我们是可以试着改变这些东西的，当我们学会忽略我们身上存在的某些缺点和弱点，当我们选择放下一些看似美丽实则缥缈虚无的东西时，我们就会得到很多东西，就会让自己的人生变得精彩。

　　《钢铁是怎样炼成的》里有这样一段话：人最宝贵的是生命，生命属于人只有一次。人的一生应该是这样度过的：当他回首往事的时候，他不会因为虚度年华而悔恨，也不会因为碌碌无为而羞耻……

　　对于我们每个人而言，我们都要为自己的人生负责，当我们每天的生活中都充斥着自卑、仇恨、偏见；当我们每天都追逐着名利、权势和一些贪欲的东西的时候，我们是否想过，我们的人生就只有这样吗？

　　有些人，走得太远，已经忘了当初为什么出发。那么，就停一下脚步，等一等自己的影子。你已经失去很多了，试着忽略一点，试着放下一些，你会得到意想不到的结果。

目录 / CONTENTS

下篇　选择放下，你的人生才更幸福

上 篇

学会忽略，你得到的会更多

每个人的身上都有这样那样的缺点，每个人在工作生活中都会遇到来自各个方面的压力，面对这些，你要如何来调整自己呢？忽略它们吧，把它们看作是你成长过程中必须经历的东西，以一种强者的姿态来面对它们，那么你会让自己变得更加强大。

第一章　忽略不完美，乐观面对一切

任何过于注意不完美的行为都会将我们从慈善柔和的目标上拉开。要认识到尽管总有更好的做事方式，但这并不意味着你就不能喜爱和欣赏它的现状。此处的解决之道便是：当你陷入旧习，坚持认为事物应当有所不同时，温和地提醒自己此刻的生活没有什么不好。

顺其自然，你才会一路坦途

人不要去强求不属于自己的东西，要学会顺其自然。有的人违背规律去办事，就会进步艰难，而有的人顺应规律，就会得心应手，一路坦途。

每件事物都是有着两面性的，顺其自然亦是如此，不过人们多是关注它的消极而忘却它积极的一面。它积极的一面便是督促人能够尽其所能而为之，不能不在乎结果，不能不在乎名利，但也不能过分追求这些东西，否则你会由此失去生活中的许多乐趣，那就是如何能够做到既奋斗又不过分追求名利，如何把握这个"度"实在是难矣。

"顺其自然"是在一种很无奈的条件下自我安慰。

有这样一则寓言：从前，有位樵夫生性愚钝，有一天，他上山砍柴，不经意地看见一只从未见过的动物。于是，他上前问："你到底是谁？"

那动物开口说："我叫'聪明'。"

樵夫心想：我现在就是很愚钝，缺少"聪明"啊！把它捉回去算了！

这时，"聪明"突然说："你现在想捉我是吗？"

樵夫吓了一跳：我心里想的事它怎么知道！那么，我不妨装出一副不在意的模样，趁它不注意时赶紧捉住它。

结果，"聪明"又对他说："你现在又想假装成不在意的模样来骗我，等我不注意时把我捉住带回去，是吗？"樵夫的心思被"聪明"看穿了，所以就很生气，心想：真是可恶！为什么它都能知道我在想什么呢？

谁知，这种想法马上又被"聪明"知道了。它又开口道："你是因为没有捉住我而生气吧！"

于是，樵夫开始从内心检讨：我心中所想的事好像反映在镜子里一般，完全被它看穿。我应该把它放下，专心砍柴。还是顺其自然好，干吗生气徒增烦恼呢？

樵夫想到这里，就挥起斧头，用心地砍柴。一不小心，斧头掉下来，却意外地压在"聪明"上面，"聪明"立刻被樵夫捉住了。

生命是一种缘，是一种必然与偶然互为表里的机缘。有时候命运偏偏喜欢与人作对，你越是挖空心思想去追逐一种东西，它就越是想方设法不让你如愿以偿。这时候，痴愚的人往往不能自拔，好像脑子里缠了一团毛线，越想越乱，他们陷在了自己挖的陷阱里。而明智的人明白知足常乐的道理，他们会顺其自然，不去强求不属于他的东西。顺其自然，绝不是自视清高或阿Q的精神胜利法；顺其自然，不是在生活的海边临渊羡鱼，不是在命运的森林里守株待兔，而是洞悉人生、承受一切命运际遇的大智慧；顺其自然，是对生命的善待与珍爱，是对人生的喝彩和礼赞。

据说迪士尼乐园建成时，总经理迈克尔先生为园中道路的布局大伤脑筋，所有征集来的设计方案都不尽如人意。迈克尔先生无计可施，一气之下，他命人把空地都植上草坪后就开始营业了。几个星期过后，当迈克尔先生出国考察回来时，看到园中几条蜿蜒曲折的小径和所有游乐景点有机地结合在一起时，不觉大喜过望。他忙喊来负责此项工作的戈尼，询问这个设计方案是出自哪位建筑大师的手笔。戈尼听后哈哈笑道："哪来的大师呀，这些小径都是被游人踩出来的！"

生命中的许多东西是不可以强求的，那些刻意强求的某些东西或许我们终生都得不到，而我们不曾期待的灿烂往往会在我们的淡泊从容中不期而至。我们常想悟出真理，却反而被这种执着而迷惑、困扰。只要恢复直率之心，彻底地顺从自然，幸运就随手可得。

人生有缺憾，你才会追求完美

人生有缺憾，我们才有追求完美的理想和热情，也只有接受人生的缺憾，我们才能真正理解和追求完美人生。

帕斯卡尔说：人是会思想的芦苇。然而，人也是世界上最贪婪的动物。人的一生总是欲壑难填。每当我们的主观愿望和客观事实背离的时候，梦想和现实之间的强烈反差就会使我们产生缺憾的痛苦。

人生如远行，走哪一条路都意味着放下另一条路。不同的人生道路留下不同的缺憾，诸葛亮有诸葛亮的缺憾，贾宝玉有贾宝玉的缺憾。这犹如夜幕里蕴藏着光明，缺憾之中不仅埋藏着逝去的青春和曾经的梦想，缺憾的背后还隐伏着许多生命的契机。

缺憾人生使人类有了理想。理想有时是一种可望而不可即的东西，或者说，就是因为其可望而不可即也那样耀眼。

上帝是公平的，他不会把所有的幸运降临在一个人身上。有爱情的不一定有金钱，有金钱的不一定有健康，有健康的不一定有快乐。

人的弱点总是与优点相伴而生，雷厉风行的男人可能粗率，文静的女孩可能不善于交际，体贴的男人可能太过细腻，有主见的女人则多固执。正如苏东坡希望"鲈鱼无骨海棠香"的那种完美，而在现实中恰恰是鲈鱼鲜美却多骨，海棠娇媚但无香。

面对人生缺憾，清人李密庵主张所谓"半"的人生哲学，日本有一派禅宗书道在挥毫泼墨时总留下几处败笔，都是意在暗示人生没有百分之百的圆满和完美。更有日本东照宫的设计者因为自觉太完美，恐怕会遭天谴，故意把其中一支梁柱的雕花颠倒。

"月盈则亏，水满则溢"，完美状态也是可怕的。这世界上的事物不仅相辅相成，也相反相成。人的运气若是太好，另一种概率就会在负极聚集，所谓物极必反、乐极生悲。故智者"求缺"。

人生缺憾的必然性要求我们学会放下。为了那些不能放下的生命中重要的事情，我们必须放下那些生命之外可以放下的东西。

人生就是一种缺陷，你无法得到绝对的完美。然而，谁又能说人生没有完美呢？我们所拥有的是另一种完美，即从缺憾中领略的完美。

世上没有绝对完美的事物，完美的本身就意味着缺憾。

其实，缺憾是一种美。维纳斯失去了双臂，却给人留下了美的想象空间；戴安娜的英年早逝令人叹息，但得以永葆青春美貌的印象，顺遂了"自古美人如名将，不许人间见白头"之说。

美，是一种距离；美，多存在于缺憾之中。前人将"酒饮微醉，花看半开"视为佳境是有道理的，酩酊大醉，便会失去饮酒的乐趣；而花开姹紫嫣红，则是凋萎的前夜。

其实，完美总包含某种不安和少许使我们振奋的缺憾。没有缺憾，生活就会变得单调乏味。亚历山大大帝因为没有可征服的土地而痛哭；喜欢玩牌者若是只赢不输就会失去打牌兴趣。正如西方谚语所说："你要永远快乐，只有向痛苦里去找。"你要想完美，也只有向缺憾去寻找。

最辉煌的人生也有阴影陪衬。我们的人生剧本不可能完美，但是可以完整。当你感到了缺憾，你就体验到了人生五味，你便拥有了完整人生——从缺憾中领略完美的人生。

在这个世界上，每个人都有自己的缺憾。只有缺憾人生，才是真正的人生。

法国诗人博纳富瓦说得好："生活中无完美，也不需要完美。"

我们只有在鲜花凋谢的缺憾里才会更加珍视花朵盛开时的温馨美丽；只有在人生苦短的愁绪中才会更加热爱生命拥抱真情；也只有在泥泞的人生路上才能留下我们生命的坎坷足迹。

为了看到人生微弱的灯火，我们必须走进最深的黑暗。

我们悲观于生命的最终结局，却乐观于活着的每一天。因为，我们要感谢上帝在宇宙万物还沉睡在黑暗中的时候，却独独恩赐给我们生命，让我们得以睁开眼睛看见光明，来到世界享受美好的人生旅程，为了生命中那许多欢乐和获得欢乐必须付出的痛苦，我们还有什么理由不微笑呢？

人类，永远在有缺憾的人生里追求着完美。正如有位诗人说得好：黑夜给了我一双黑色的眼睛，我却用它来寻找光明。

我们可以渴望完美，但也不要拒绝缺憾。

世上没有完美，不要刻意追求

人生中，我们背负的贪婪太多了，很多时候，不是快乐离我们太远，而是我们活得还不够简单。真的，你永远也不要相信世上有"完美"这回事。不要这样要求你自己，也不要这样要求别人，更不要这样要求生活。我们要做的是：珍惜生命！

珍惜现在！珍惜拥有！

曾经有一段时间，我的事业和家庭都遇到了麻烦，嫉妒、浮躁、忧虑整日困扰着我。一个朋友看着我沮丧的样子很着急，于是告诉我去附近山上的一座禅院找住持觉悟禅师帮忙开解一下，也许会有所帮助。

禅房里，面对慈祥、超然的觉悟禅师，我一股脑儿地道出了自己的困惑和烦恼。觉悟禅师笑笑，伸出右手，握成拳头，说："你试试看。"我照做。接着又说："再握得紧一些。"于是我把拳头握得越来越紧，指头几乎攥进手心了。

"感觉如何？"他慈祥地问我。

我茫然地摇了摇头。

"把拳头伸开。"我伸开手掌，觉悟禅师拿起桌上的一枚青枣和一片玻璃碎片放在我的手中，说道："握紧。"我把青枣和碎片握在手心。"握紧一些，再紧一些。""不行了，禅师，我的手都快要被割破了。"我感到了手掌的疼痛。这时，觉悟禅师突然喝道："那你还不赶快把拳头松开！"

我吓了一跳，舒开手掌，看着手掌有些微红的硌痕，碎片已经扎到青枣里了。

觉悟禅师望着我，说："现在，把碎片取出来，丢掉吧。"

把碎片取出来！觉悟禅师的话真是醍醐灌顶。这青枣就好比我的事业和生活，而这碎片就是生活中困扰着我的嫉妒、浮躁、忧虑。

觉悟禅师看着我的表情，笑了笑，说："看来施主已经有所了悟。生活中的事就好像这青枣和玻璃碎片。如果你什么都不取，空握拳头，即便使上再大的力气，也是一无所获，这叫徒劳无功。青枣就像你生活中一切美好的事物，而碎片就是困扰你的烦恼，我们在做事时难免要产生烦恼。要记得及时将青枣中的碎片取出来丢掉啊。"

看着青枣和碎片，听了觉悟禅师的一席话，我豁然开朗。

我们应该学会分辨身边的事哪些是青枣，哪些是碎片，并能及时地取出青枣中的碎片，把握住我们应该抓住的，放下应该丢掉的。也许说起来容易做起来难，但我们总要有勇气去做，不是吗？

事事苛求完美，你是自讨苦吃

这个世界本来就不是完美的，过去不是，现在不是，将来也不是，它本来就是以缺陷的形式呈现给我们的。人如果事事追求完美，那无异于自讨苦吃。

哲人说："完美本是毒。"事事追求完美是一件痛苦的事，它就像是毒害我们心灵的药饵。

人生中，我们应该静下心来，一步一个脚印地去拣你认为是相对完美的树叶。

缺憾有其独特的意义，我们不能杜绝缺憾，但我们可以升华和超越缺憾，并且在缺憾的人生中追求完美。缺憾可以当作我们追求的某种动力，如果我们能这样看，又何必再为种种所谓的人生缺憾而耿耿于怀呢？

有了缺憾就会产生追求的目标，有了目标，就如同候鸟有了目的地，即使总在飞翔，累得上气不接下气，有期望的目标，总是能够坚持下去。

如果事事追求完美，都要拼命做好，这会使我们自己陷入困境，不要让尽善尽美主义妨碍我们参加愉快的活动，而仅仅成为一个旁观者，我们可以试着将"尽力做好"改成"努力去做"。

一篇很有意思的文章描述了"最完美的女人"需要具备的特点："意大利人的头发、埃及人的眼睛、希腊人的鼻子、美国人的牙齿、泰国人的颈项、澳大利亚人的胸脯、瑞士人的手、纳维亚人的大腿、中国人的脚、奥地利人的声音、日本人的笑容、英国人的皮肤、法国人的曲线、西班牙人的步态……"即使是这些也还不够，还需要有"德国夫人的管家本领、美国女人的时髦、法国女人的厨艺、韩国女人的温柔……"

事实上，将所有这些"优点"放在一起，说不定还会很可怕。"金无足赤，人无完人"，人又何尝不是如此？所谓的完美不过是一些虚幻的想象而已。世上有很多优点，但绝不可能集中在一个人身上，更何况还有许多优点是互不相容的，甚至还是相互矛盾的。

人生确有许多不完美之处，每个人都会有各式各样的缺陷。其实，没有缺憾我们便无法去衡量完美。仔细想想，缺憾其实不也是一种完美吗？

人生就是充满缺陷的旅程。从哲学的意义上讲，人类永远不满足自己的思维、自己的生存环境、自己的生活水准。这就决定了人类不断创造、追求。没有缺陷就意味着圆满，绝对的圆满便意味着没有希望、没有追求，便意味着停滞。人生圆满，人生便停止了追求的脚步。

生活也不可能完美无缺，也正因为有了残缺，我们才有梦，才有希望。当我们为梦想和希望而付出我们的努力时，我们就已经拥有了一个完整的自我。生活不是一场必须拿满分的考试，生活更像一个足球赛季，最好的球队也可能会输掉其中的几场比赛，而最差的球队也有自己闪亮的时刻。我们的所有努力就是为了赢得更多的比赛。当我们能继续在比赛中前进并珍惜每场比赛时，我们就赢得了自己的完整。

其实，完美的标准是相对而言的，它因人的审美观的不同而不同，今天以肥为美，明天就可能以瘦为美。古人以脚小为美，如果今天有"三寸金莲"走在大街上，路人肯定会笑掉大牙。

追求完美没有错，可怕的是追而不得后的自卑与堕落。即使缺陷再大的人也有其闪光点，正如再完美的人也有缺陷一样。能够充分发挥自己的长处，照样可以赢得精彩人生。

最后，如果你是"完美主义"者，建议你变成"完成主义"者吧！不必在乎成果如何，也不要管别人的批评，只要开始行动就可以了。做自信的自己才是最重要的。

不完美也是另外一种美

记得有人说过这样的话："没有遗憾的人生才最遗憾。"确实，假如没有"惆怅阶前红牡丹，晚来唯有几枝残"的遗憾，怎么会有古人夜里秉烛赏花的美。所以，很多时候，我们总是埋怨美梦不能成真。却不知，倘若什么梦想都能轻易地实现，也就无所谓美梦了。这是一种遗憾的美，一种让人想起仍觉甘甜，忆起犹觉美妙的美。

"尺之木必有节，寸之玉必有瑕。"有个故事很耐人寻味：有个渔夫从海里捞到一颗晶莹圆润的大珍珠。为了去掉珍珠上的小黑点，他将黑点层层剥去，最后黑点没有了，珍珠也不复存在了。看完这个故事，也许此时的你正同我一样在为那颗珍珠的不复存在而感到惋惜，同我一样想要告诉那个渔夫：缺憾也是美！

"人有悲欢离合，月有阴晴圆缺，此事古难全。"你可知道我们应该感谢缺憾？有了悲欢离合，人们才会懂得去珍惜现在所拥有的；有了阴晴圆缺，月儿才能更加妩媚动人。娇艳的花儿必然有丑陋的根；美丽的蝴蝶定是由讨厌的毛毛虫变化而来。十全十美的东西是不存在的，而缺憾也是美！

往往，存在缺憾的东西并不比看似完美的东西差。瞧——美，可以在金碧辉煌的宫殿中，也可以在炸毁的大桥旁；美，可以在芳香扑鼻的鲜花上，也可以在风中跳动的烛光中；美，可以在超凡脱俗的维纳斯的雕像上，也可以在平凡少女的笑脸里。

在电视剧《精卫填海》大结局中，炎帝的女儿精卫化成了青鸟，她已忘记了前尘往事，对后羿深情地呼唤置若罔闻，但是，她没有忘记自己的职责，不停地衔着石子投向大海。虽然只是电视剧，但是这种凄美的场景还是让人潸然泪下。

小说里的那些英雄们大多也是如此，《天龙八部》中的大英雄乔峰，身怀一身的好武艺，有那么多的人支持他，而且他也是当之无愧的英雄，然而他的女友却在他面前被他误杀，到了最后他还不是落得和自己本国决裂、被迫要当场自杀谢罪的局面；《神雕侠侣》中杨过的相貌和功夫自不必说，可他偏偏少了一只臂膀，虽然他和小龙女最后有一个完美的结局，可是他失去的却永远也找不回来了；还有《射雕英雄传》中的黄老邪，虽然有个宝贝女儿黄蓉聪明得要死，可他的妻子不还是因为帮他死记那本破《九阴真经》而死于过度劳累吗？

难道天底下的美都要有缺憾吗？为什么当西施拥有了美貌就注定要成为国王复国的牺牲品呢？而当他复国后还不是给西施一个祸国的罪名，要她死在了淮水边？她的痛苦又有谁知道？难道她不想过好日子吗？可是就因为她太美了，那就是罪。为什么当唐太宗娶了杨玉环之后就会有人背叛他，到了最后却要通过杨贵妃自杀来帮助他完成最后的霸业，难道美就有罪？难道美女就有过错？难道在天底下就没有一种美是不带伤感气氛的？可能就是因为缺憾本身就是一种美，这也正是我要说的缺憾之美，是它让世界上所有的事情变得更加有味道，让世界如此美妙！

其实，人生在世，不如意事十有八九，月有阴晴圆缺，人有悲欢离合。能修成正果皆大欢喜，如果不能，当然会有遗憾。但用心体会，你会发现残缺也有其独特的美。

断瓦残垣固然没有富丽堂皇的故宫那么让人目不暇接，没有设计精美的苏州园林让人流连忘返，但是因其独有韵味，也不失一种美。

万事万物，难有十全十美。相爱的人不能长相厮守，当然是一大憾事，但正因为有了这距离，才能把彼此永放心间，并永远在对方心中留下最美丽的记忆。

当然，在品味这种缺憾之美时，苦甜参半，这是一种凄凉的美。只有品尝过的人才知道个中滋味，喜忧参半，刻骨铭心，永世不忘！

第二章 忽略偏见，
你才能看到一个精彩的世界

> 世上有很多争端来源于偏见，人们总是从自己的角度看待问题，对于同一个事物，很多人往往只看他们想要看到的内容而忽略其他方面。任何偏见都是过时的真理的残余，应该记住，只有思想解放，人的精神才能富有，偏见比无知离真理更远。放下偏见吧，这个世界将会变得多姿多彩！

偏见是一堵墙

偏见是一堵墙。执有偏见的人只看到墙，而不承认墙那边有土地、花朵以及河流。持有偏见想法的人常说："墙上怎么会有花朵和河流。"于是他们变得更加固执己见。偏见限制了他们的视野，使他们戴上有色眼镜，用一种先入为主、僵化的观念去看事、看人，结果必然是谬以千里。

我们往往有一个通病，就是对他人苛刻，对自己宽容。比如，别人硬要那么做，叫"冥顽不化"；你自己硬要那样做，却是"意志坚定，有想法，有主见"。别人花钱，叫作"奢侈浪费"；你若花钱，只是"慷慨解囊"。别人动作大意，叫作"动作粗鲁"；

你若同样行动，却是"不拘小节"。别人态度温和，是因为"懦弱无能"；你若态度温和，便成"文雅敦厚"。

类似的情况还有很多很多。现代人大多以自我为中心的心态去看待他人或判断某事。结果，滋生恨与恶。

芳芳是一个性格特别倔强的女孩，她的父母在她上高中的时候离婚了，从此她跟着自己的母亲生活。不久，母亲另嫁。她被迫接受一个跟自己毫无关系的继父。虽然继父对芳芳不是很好，但她很满足，因为母爱的存在大于一切，随后在她上高中的第二年，母亲有了和继父的孩子叫胖胖，从此那个伟大的母爱被一分为二，芳芳的心里很不是滋味，特难受，她觉得母亲在生了弟弟后不爱她了。于是，她和母亲之间产生了一种隔膜，时间越长，隔膜越厚。最终她离家出走了。

她这一走，就是几年。几年过去后，芳芳长大了，也有了自己的孩子，当上了母亲。她渐渐体会到了做母亲的辛苦，慢慢学会体谅母亲，想到当初自己因为母亲有了胖胖而离家出走，这么多年，没有和母亲取得联系实在不应该，于是她写信给母亲，回信的是芳芳的继父，继父在信中说："芳芳，看到你的信我真的很高兴，真的希望你的母亲也能看到，但是，你妈从你离家出走的那天起就到处找你。那天下着大雨，你妈回来淋得很湿，然后就生了一场大病，我带她到各个医院看，都治不好，再加上她的心脏也不好，不久便去世了，她在最后的关头还在喊着你的名字……"当芳芳看到这里的时候，她的眼泪不停地往下流，她仿佛听到了在大雨倾盆的街道上母亲焦急的喊声。她痛恨自己的无知、任性、自私，她此时多么悔恨自己没能早一点儿站在母亲的位置去想问题啊！如果那样的话，母亲也不至于永远离开她了。

是啊！我们总是偏见地认为一些事情，就像芳芳固执地认为母亲不爱自己了。其实很多都是自己想当然的，毫无根据。生活中我们应该去体谅别人，去宽容别人，容人其实也是容己。

这个社会是需要宽容的，我们应该宽容地对待身边的人和事。宽容是一种高尚的善意，它使我们能够站在别人的角度上去思考。用一种善意的方式去处理人际关系，表现出的是人与人之间相互理解的心灵渴望。宽容是我们人类最为珍贵的一种品质。宽容是吹开花朵的温柔的清风，是吹落阴云的温润的雨花，是容纳大树也容纳小草的田野，是接受百鸟飞翔、欢迎风筝飞舞、允许阳光普照和暴雨倾盆的天空。

偏见是认识上的错误

产生偏见的一个普遍原因是错误的逻辑推理，是认识上的错误。这样，无论是对自己还是对对方都是不利的，也严重影响了人际关系的建立和发展，甚至是职业发展的前景。

小吴在一家公司做部门经理，就任三个月后，感觉与总经理老赵之间的沟通越来越困难，因为他提的一些建议常常引不起赵总的注意，随之产生不被重用的想法。所以在权衡一段时间之后，决定离职而去。可是当他向赵总提出辞职时，却被赵总极力挽留了下来，这让他颇为疑惑："难道赵总自己没觉得两个人沟通有问题吗？"小吴心想即使自己留下来也要留个明白，为此，他决定要好好找赵总问个清楚。

小吴向赵总坦承自己为是去是留进行了艰苦的思想斗争，为此事甚至失眠两个月了。再这样下去，怕自己会崩溃，所以才决定要辞职。没想到赵总却是一副优哉游哉的模样回答他："我承认跟你的意见有些不同，不过我听了你的意见后，不管你的意见有没有价值，我觉得你是用心的主管，也很勇于表达自己的思想，我很庆幸你不是唯唯诺诺的'马屁精'，所以我要极力挽留你。但是我也承认自己的不足，缺乏和部属之间进行积极的沟通，以至于产生了不该产生的隔阂。"

听了赵总的一番话，小王突然豁然开朗，觉得自己很不应该。实际上，很多时候，很多问题都是源于我们的一种偏见。比如，生活中的很多人尤其是青少年，如果父母是机关工作人员、科技人员、老板，便人前人后夸耀；如果父母是农民、下岗工人，便羞于提起。实际上，这就是一种偏见。

父母是我们的光荣，没有什么敢不敢提的。是他们养育了我们长大，他们没什么不好的，他们始终都是最好的。

偏见往往产生于误会。因为误会，可能郁闷，可能愤怒，独缺了理解，缺了换位思考，于是有了导致误会的"因"，偏见这个"果"便出来了。偏见一旦形成，便会在实际生活中发挥它的负面作用。可能你不了解一个人，一个好心的人，由于某个事情，你便对他下了判断，这是误会的开始。接下来可能就看他什么都不顺眼了，于是形成了偏见。因此，我们在认识世界的时候，应该公正、客观地去对待，摒弃偏见至关重要。

去掉隔离，别让偏见蒙蔽双眼

偏见是指根据一定的表象或虚假的信息相互做出判断，从而出现判断失误或判断本身与判断对象的真实情况不相符合的现象。当我们看到别人第一眼的时候，有的人热情，有的人冷漠，凭着第一感觉，就会对某些人产生疏离之感，这就让我们对某些人产生了偏见。世界上没有两片相同的叶子，何况是我们每一个人的性格呢。每一个人都有自己的长处和优点，怎么能以一个表象就否定了他人呢。或许他那时低落的情绪、黯然的表情，是因为他遇到了不愉快的事呢。不要让偏见蒙蔽了我们的双眼。

偏见如一堵墙，将固执的你我与友情和成功远远地隔开。偏见的危害是极大的，它不仅会蒙蔽你的双眼、影响你的判断、左右你的步伐，甚至会令你排斥真相和正确的观念。偏见更是一种愚昧，没有任何科学依据，也没有什么有力的逻辑或理论，它仅仅只是一种感觉和认知。

在人类的发展史上，犹太人、黑人、女性……无数人都遭受着"偏见"所带来的伤害。同样是一片蓝天下的孩子,这些人却被贴上"下等人"的记号。他们曾经被大量杀害、被当成奴隶,而今,他们在"人人平等"的呼声中昂首挺胸地站立起来,但隐性歧视依旧存在。我们作为新一代的接班人,不应该再让偏见蒙蔽了我们的双眼。

赖斯在上大学时,有一次在大学课堂上,教授说:"黑人的智商显然比白人低。"话一出,赖斯立即就站出来,激动地说:"这是没有任何科学依据的!黑人与白人一样努力,白人能做到的,我们也能!"

这就是赖斯。最后凭借着自己的努力,满怀着要"捍卫肤色的自尊"的使命感成为美国历史上第一位黑人女国务卿。

她的成功对于那些正在为消除偏见而奋斗的人来说是多么的令人鼓舞!我们也应该在努力突破偏见的同时更加努力地提高自己,把自己最优秀的一面展现给世人,证明给那些拥有偏见的人看。

除了上述这些偏见,还有一些是来自身体自身缺陷的偏见。其实,我们每个人都是被上帝咬了一口的苹果。每个人都有缺陷,有缺陷才可爱。

文学家弥尔顿是盲人,大音乐家贝多芬是聋人,天才的小提琴演奏家帕格尼尼是哑者,如果用"上帝咬苹果"的理论来推理,他们也都是由于上帝特别喜爱,狠狠地咬了一大口的缘故。

帕格尼尼4岁时出麻疹,险些丧命;7岁时患肺炎,又几近夭折;46岁时牙齿全部掉光;47岁时视力急剧下降,几乎失明;50岁时又成了哑巴。上帝这一口咬得太重了,可是也造就出一位天才的小提琴家。帕格尼尼3岁学琴,即显天分;8岁时已小有名气;12岁时举办首次音乐会,即大获成功。之后,他的琴声几乎遍及世界,拥有无数的崇拜者,他在与病痛的搏斗中用独特的指法、弓法和充满魔力的旋律征服了整个世界。著名音乐评论家勃拉兹称他是"操琴弓的魔术师",歌德评价他"在琴弦上展现了火一样的灵魂"。

只要敢于面对自我的不足，勇于克服一道道内心的防线，那便是我们超越自卑、散发出自信的耀眼光芒的时刻！

擦去界线吧！片面悲观地看待缺陷，终将使你的人格不尽完整。我们应该让自己的视野更加开阔些，消除偏见。这个物欲横流的社会里，为自己的心灵留一方净土——那就请远离偏见吧！

有色眼镜不好，应该摘下来

在生活中，大多数人都戴着一副有色眼镜。在看别人时，总看见不好的一面，总指责别人身上的缺点；而看自己时，却总是看到优点。有时，人们看到他人身上的缺点时，并不一定就是那个人所有的。也就是说，人们往往带着一种偏见看待别人。所谓偏见，指的是人们对某事持有的观点或信念，而这种观点和信念其实并不符合客观事实或与逻辑推论相违背。它带有很强烈的个人色彩。所以说，如果一个人在头脑中对他人已经有了一些不切实际的观念，那这种观念就会被强加到他人身上，一时是很难改变的。但这种偏见在他看来，却被认为是极其客观的。

一次，上课铃响了，王老师又开始了例行的"监督"工作，同学们都很快跑回教室。过了一会儿，上课的老师也进了教室，第二遍铃响过后，王老师的目光刚要移开，突然看见他们班颇为顽皮的男同学小明跑进教室。他当时就想："这小子肯定是课间跑操场上玩去了，才会上课迟到。这是我亲眼所见，准没错！"一下课，王老师就走进教室，把小明叫到讲台前，严厉地批评他上课迟到。平日里大大咧咧的小明这下可急了，"您冤枉人，我根本没玩。下课后，同学们围着数学老师问问题，然后数学老师又叫我帮她把作业本抱到办公室去。这才晚的！"王老师当时脑中"轰"的一下，是呀，自己怎么忘了，为了调动他的学习积极性，他和数学老师商量好让他当数学课代表的呀！从那儿以后，一连几天那个男生都不爱搭理王老师。

这是王老师的亲身经历，也给他留下了深刻的教训。孩子的心是稚嫩而脆弱的，伤害了就很不容易愈合。作为教师，每当在批评学生之前，一定要先问问自己，事情搞清楚了吗？事实是这样吗？我批评得有理有据吗？千万不能凭主观想象就草率处理。

可见，一个人的偏见是非常强的，以至于很难用事实去反驳他。这种人往往忍受不了从多个角度来看待事物，他们坚持的是非此即彼。

尽管偏见是一种普遍存在的现象，但它却是人们互相交流的一个重大障碍。在它的影响下，原本会成为好朋友的两个人却可能反目成仇。如果一个人想要与他人有一个和睦友善的互动关系，就需要放下这种偏见，放下那种先入为主的不良观念。要放下偏见，就需要承认别人的优点，就需要从实际的生活中学会观察，从多个角度去考量一个人或一件事。冷静自己的头脑，倾听别人的言论，客观地分析，才能卸下偏见的眼镜。

在一所小学里，有一个班长欺负了班上的一个同学。这个同学把这件事告诉了老师，老师一听就说："你说其他人欺负你，我还相信；说他欺负你，这不可能！"偏见对于普通人还可以理解，但如果连有一定知识修养的老师都有这样的问题，可见偏见的印象影响是很大的。所以，在对他人尚没有一个全面的了解之前，不要随意地让自己设想的情景固定你的头脑。

除了偏见能引起一个人对他人的误解，爱批评他人的心态同样也是。有的人认为批评了别人就是抬高了自己的地位，就能显示自己的派头。其实不然，表面上批评他人好像是占了便宜，但实际上却显出了批评者是一个没有风度的人，是一个患得患失的人，根本就没有达到一种豁达的境界。

当一个人学会放下偏见，放下对别人的批评，那他就在修养上达到了一定的境界，就有了一种开阔的眼界，就能敞开胸襟接纳所有的事物，就能让自己活得比别人更有滋味，就能让人觉得他是一个可以亲近的人。但凡有大作为的人，都必须通过这一关，都应该放下心中抱怨别人的包袱。他不会去一味地关注他人的失败而不顾自己的发展。

放下偏见，会使人变得宽容；放下批评，可使人得到休整；放下抱怨，可以赢得别人的尊重；放下嫉妒，可以获得他人的亲近。所以，当你与人发生矛盾或冲突时，尽量放下争强好胜的心理，那样才会化干戈为玉帛，使彼此和好如初。当你与家人发生摩擦时，尽量放下争执，才会得到家人的谅解，使家庭和睦温馨。

消除偏见，你需要推己及人

有这样一个故事：一头猪、一只绵羊和一头乳牛被关在同一个畜栏里。有一次，主人捉住猪，猪大声号叫并猛烈地抗拒。绵羊和乳牛讨厌它的号叫，就说："你也太夸张了吧，他常来捉我们，我们并不像你那样大呼大叫。"猪听了回答道："捉你们和捉我完全是两回事，他捉你们，只是要你们的毛和乳汁，但是捉住我，却是要我的命啊！"

这个故事告诉了我们一个道理：立场不同、所处环境不同的人很难了解对方的感受。倘若我们善于站在别人的角度看问题、发表见解，就能从内心深处理解别人，从而更接近、更符合事实，也就容易取得人家的信任，使别人易于接受，这样，人与人之间的偏见、误会、矛盾就会少很多。

换位思考是指双方要站在对方的立场上考虑问题。换位思考是做人的一种气度，更是做人的一种境界。在出现争执的时候，总觉得都是别人的错误，自己是对的。凡事多站在别人的立场上去想一想，或许有些矛盾就会避免，真的希望人与人之间的关系能够达到一种和谐的程度。只有这样，我们人类才能在和谐中发展，在发展中进步，在进步中提高。学会换位思考，人与人之间的关系就会变得更加和谐。

现实生活中有时找熟人或朋友办事难免有办不成、办不好的时候，这时往往从自己的"心情"出发就会对对方埋怨甚至认为是对自己有偏见，这样既伤害了双方的感情，又失去了朋友，要是换位想一下就不会伤和气了。

其实，站在不同的角度，处在不同的环境，人们的收获与理解也各不相同，没有经历过的事就没有发言权，做什么事情都要换位想一下，人们就会心平气和，事情就会朝着"阳光"的方面发展，所以停止偏见，学会换位思考吧。

比如婆媳之间的矛盾。长辈想找个合自己心意的媳妇，但是又不能包办婚姻。晚辈要找个情投意合的妻子，又不能不顾及父母的意愿，人生难得两全其美。两代之间的代沟很容易导致"媳妇对婆婆有怨言，婆婆看媳妇也不顺眼"的局面。其实，这就是偏见。我们应该努力消除这种偏见，做到"家和万事兴"。

要想做到这一点，就必须重新定位角色。很多婆媳矛盾，都是因为双方没有重新认清自己的角色而造成的。新媳妇很容易将婆婆与自己的妈妈比较，感觉婆婆对自己不贴心，只顾疼爱自己的儿子。有些婆婆却把媳妇当成了保姆或者有一种"多年的媳妇熬成婆"的想法，然后狠狠地教训媳妇，觉得对方不够勤快、孝顺。这些矛盾的形成，都是因为没有认清自己在新家庭中的角色转变，当了媳妇就不再是自家娇生惯养的女儿了，而是另一个家庭的女主人，上有老、下有小，都需要你照顾。所以，当了儿媳妇，就要替两家着想，要努力做到公平、公正，不要一家人说两家话。

第三章　忽略外表，不为浮云遮望眼

在这个世界上，有很多事物都戴着诱人的面具。贪婪的人往往很容易被事物的外表所迷惑，甚至难以自拔，事过境迁后悔就晚了！因此，我们要不为事物的外表所迷惑。

目标是唯一的指引

阿爸带着自己的三个儿子去草原打猎。四人来到草原上，这时阿爸向三个儿子提出了一个问题。

"你们看到了什么呢？"

老大回答说："我看到了我们手中的猎枪、在草原上奔跑的野兔，还有一望无际的草原。"

阿爸摇摇头说："不对。"

老二回答说："我看到了阿爸、哥哥、弟弟、猎枪、野兔，还有茫茫无际的草原。"

阿爸又摇摇头说："不对。"

老三回答说："我只看到了野兔。"

这时，阿爸说："你答对了。"

一个能顺利捕获猎物的猎人只瞄准自己的目标。我们有时之所以不成功，是因为看到的太多，想得太多，禁不住太多的诱惑，失去了自己的目标和方向。一个人只有专注于你真正想要的东西，你才会得到它。

人人都渴望成功，但是大部分人都是希望自己成功，而不是一定要成功。不成功就做个普通得不能再普通的凡人也觉着不错，有这样的想法，自然成功的动机不是特别强烈。因此，倘若碰到什么需要付出代价时，就退而求其次了，或者干脆放下。而成功者之所以成功，是他们发誓一定要成功。真正地追求成功，就要摆正心态，以坚实的精神力量做支撑。

安大略湖的一位著名的主教讲述的一个故事说明了坚强的意志对把握人生机会的重要性。

一个商人需要一个小伙计，他在商店里的窗户上贴了一张独特的广告："招聘：一个能自我克制的男士。每星期4美元，合适者可以拿6美元。""自我克制"这个术语在村里引起了议论，这有点儿不寻常。这引起了小伙子们的思考，也引起了父母们的思考。这自然引来了众多求职者。

每个求职者都要经过一个特别的考试。

"能阅读吗？小伙子。"

"能，先生。"

"你能读一读这一段吗？"他把一张报纸放在小伙子的面前。

"可以，先生。"

"你能一刻不停顿地朗读吗？"

"可以，先生。"

"很好。跟我来。"商人把他带到他的私人办公室，然后把门关上。他把这张报纸送到小伙子手上，上面印着他答应不停顿地读完的那一段文字。阅读刚一开始，商人就放出六只可爱的小狗，小狗跑到小伙子的脚边。这太过分了。小伙子经受不住诱惑要去看看美丽的小狗。由于视线离开了阅读材料，他忘记了自己的角色，读错了。当然，他失去了这次机会。

就这样，商人打发走了70个人。终于，有个年轻人不受诱惑一口气读完了。

商人很高兴。他们之间有这样一段对话：

商人问："你在读书的时候没有注意到你脚边的小狗吗？"

年轻人回答道："对，先生。"

"我想你应该知道它们的存在，对吗？"

"对，先生。"

"那么，为什么你不看一看它们？"

"因为你告诉过我要不停顿地读完这一段。"

"你总是遵守你的诺言吗？"

"的确是。我总是努力地去做，先生。"

商人在办公室里走着，突然高兴地说道："你就是我需要的人。明早 7 点钟来。你每周的工资是 6 美元。我相信你大有发展前途。"年轻人的最终发展的确如商人所说。

克制自己是成功的基本要素之一。当你有众多选择时，应能够更好地深思熟虑，紧紧盯住你的目标。太多人会因某种喜好、某种诱惑，不能把自己的精力完全投入到工作中完成自己的伟大使命。这可以解释成功者和失败者之间的区别。

找到心灵的方向，不要迷失在路上

现代人几乎都被过多的欲求和过分的执着所感染，找不到自己心灵的方向，从而成为现代精神迷失中的一员。而这种迷失最可怕的后果不是让你去杀人，而是自杀。我们的追求到底是什么？幸福又在哪里？心理学家曾提出这样一个幸福公式：总幸福指数＝先天遗传素质＋后天环境＋主动控制心灵的力量。其中主动控制心灵的力量其实就是找回真正的自己。

在北极圈里，北极熊是没有什么天敌的，但是聪明的爱斯基摩人却可以轻易地逮到它。爱斯基摩人是怎么办到的？就是靠上帝给予的智慧吧！

他们杀死一只海豹，把它的血倒进一个水桶里，用一把双刃的匕首插在血液中央。因为气温太低，海豹血液很快凝固，匕首就结在血中间，像一个超大型的棒冰。做完这些之后，把棒冰倒出来，丢在雪原上就可以了。

北极熊有一个特性：嗜血如命。这就足以害死它了。它的鼻子特灵，可以在好几千米之外就嗅到血腥味。当它闻到爱斯基摩人丢在雪地上的血棒冰的气味时，就会迅速赶到，并开始舔起美味的血棒冰。舔着舔着，它的舌头渐渐麻木。但是无论如何，它也不愿意放下这样的美食。忽然，血的味道变得更好，那是更新鲜的血，温热的血。于是它越舔越起劲，原来，那正是它自己的鲜血。当它舔到棒冰的中央部分，匕首扎破了它的舌头，血冒出来。这时，它的舌头早已麻木，没有了感觉，而鼻子却很敏感，知道新鲜的血来了。这样不断舔食的结果是：舌头伤得更深，血流得更多，通通吞进自己的喉咙里。最后，北极熊因为失血过多，休克昏厥过去，爱斯基摩人就走过去，几乎不必花力气就可以轻松捕获它。

在我们的生命中，在追求幸福的过程里，我们也很可能如北极熊一样，无法正确认识到问题所在。

一位棋艺高超的老人吃完晚饭后到小区公园散步，看到公园里有人下象棋就过去给别人支着儿。但下棋的人却不听老人的话，老人非常生气，心想告诉你怎么走，给你支着儿你还不理我。于是老人气愤地接着看下去，眼看这人要输了，这个急啊，但是支着儿，那人还不听老人的。于是老人越来越气，周围的人却突然发现老人脸上开始痉挛，身子已倒在地上了。

于是，大家七手八脚地把老人送到医院。一检查，那位老人已经没气了。输棋的人没事，但把看棋的人气死了。这事儿是不是有点儿荒唐？这是一件发生在我们生活中的真事。虽然听起来可笑，但却从另一方面说明我们每个人都有自己的欲求和执着。而我们生活中的种种痛苦、烦恼、欲求和执着，绝大多数都像看棋的老人一样是自己找来的。

人生不满百，常怀千岁忧！每天早上当你驾车驶入车阵，三环、四环堵车堵得厉害，看着仍然亮着的红灯，你不停地看着手表，一秒一秒地走着。终于绿灯亮了，但你前面的司机却因为思想不集中而迟迟不启动车子。于是你生气地按了喇叭。前面的司机终于醒来，马上开动车子，你尾随其后。就算你准时、安全地到了公司，却在那几秒钟把自己置于紧张不快的情绪中。

棋艺高超的老人对求胜的执着，每天开车对自我的执着，这其实都是烦恼的来源。

有位这方面的专家曾说过："你不要让小事牵着鼻子走，要冷静，理解别人。"其实 80％ 的烦恼都是由自己过分的欲望和执着造成的。打开报纸，你经常会看到这样的信息：前两天有两人跳轻轨自杀；城市癌症患者平均每年增长 1.58％……这个世界到底怎么了？

随着社会转型的加剧以及各个阶层贫富差距的扩大，你会发现，这个社会的人们每天都在忙碌着、追求着。孩子夜夜苦读，夫妻俩拼命算计，穷人想钱想疯了，富人的快乐找不到了，好像社会中的绝大多数人都在为自己的欲求努力着，但他们这份过分的执着并没有让自己过得更加幸福，生活得更快乐。

处于时刻竞争中的现代人最可怕的不是天花、麻风、癌症，而是人们的精神迷失。因为我们往往在竞争、追求和欲求中找不到生活的本来目的，找不到自我。

假象很"丰满"，其实很"骨感"

人往往很容易被事物的外表所迷惑，甚至难以自拔，事过境迁，后悔就晚了！

一次，一个猎人捕获了一只能说 70 种语言的鸟。

"放了我，"这只鸟说，"我将会给你三条忠告。"

"先告诉我，"猎人回答道，"我发誓我会放了你。"

"第一条忠告是，"鸟说道，"做事后不要懊悔。"

"第二条忠告是：如果有人告诉你一件事，你自己认为是不可能的就不要相信。"

"第三条忠告是：当你爬不上去时，就不要费力去爬。"

然后鸟对猎人说："该放我走了吧。"猎人依言把鸟放走了。

这只鸟飞起后落在一棵大树上，又向猎人大声喊道："你真愚蠢。你把我放掉了，但你却不知道在我的嘴里还有一颗价值连城的大珍珠。正是这颗珍珠使我变得这样聪明。"这个猎人很想再去捕捉那只放飞的鸟。他跑到树跟前并开始爬树。然而，当他爬到一半时，他掉了下来并摔断了双腿。

鸟嘲笑他并向他喊道："笨蛋！我刚才告诉你的忠告你全都忘掉了。我告诉你一旦做了一件事就不要懊悔，而你却后悔放了我。我告诉你如果有人对你讲你认为不可能的事，就不要相信，而你却相信像我这样一只小鸟的嘴中会有一颗很大的珍珠。我告诉你如果当你爬不上去时，就不要强迫自己去爬，而你却追赶我并试图想爬上这棵大树，结果掉下去摔断了双腿。这个箴言说的就是你：'对聪明人来说，一次教训比蠢人受一百次鞭挞还深刻。'"

说完，鸟就飞走了。

人们因为贪婪常常会犯傻，什么愚蠢事也会干得出来。因此，任何时候都要有自己的主见和辨别是非的能力，不要被假象所迷惑。

不要贪小便宜吃大亏

一天，一个孩子追逐一只猫，想抓住它。这只猫仓皇奔跑，一头钻进厨房里。突然，"砰"的一声，它将一瓶蜂蜜打破了。

蜂蜜洒了出来，甜味弥漫在院子里。有一群苍蝇被蜂蜜的甜味吸引，纷纷从窗外飞进来，停在蜂蜜的黏液上大快朵颐。

它们没注意到双脚已被蜂蜜粘住了，却依然享受着蜂蜜的甜味，没过多久，它们飞不开也动不了，身体渐渐地凝在蜂蜜里。

这群苍蝇越是想挣脱，越是被粘得牢，最后，用尽了力气也没有逃离。断气前，它们嘶吼着："我们真是傻，为了一点甜头，竟然害了自己。"

这个故事告诉我们：目光短浅的人往往为了享受一时之快而贪图蝇头小利，最终害了自己。人最容易被眼前利益所迷惑而失去了长远利益，不要被微小的成就所诱惑，因为那样会使你安于微小。

美国第九位总统威廉·亨利·哈里森小时候曾有一段时间被人认为很傻。为什么呢？邻居们做过这样的试验：他们拿出一个五分的硬币和一个十分的硬币让小哈里森从中挑一个，小哈里森每次都拿那个五分的。每次都屡试不爽，大家均以此为乐。

一个外地人路过此地，听说这件事后，感到很奇怪，于是亲自试验了一回，果然和大家说的一样。外地人仔细观察小哈里森的言行后，拍拍他的肩膀笑着说："小朋友，你一点儿也不傻，你很聪明。"小哈里森也笑了。外地人没有再说什么就走了，邻居们都感到有些纳闷。后来，终于有人想明白了为什么：如果小哈里森拿了十分的硬币，下次就不会有人去做这样的试验了，他每次五分的收入也将终止。小哈里森原来是弃眼前的小利来保留长远的利益，小小年纪就有这样的长远眼光，可真了不起！邻居们都赞叹不已。

一个人在成功的道路上要能走远，首先他得站得高、看得远。只有看得长远，他才能对自己以后要做的事情心里有底，才知道自己行进的方向以及需要为此采取什么样的行动。

眼光长远的人往往不容易被眼前的得失所迷惑。有很多成功人士的例子都说明了这一点。他们有的面临着金钱的诱惑，有的经历了困境的阻挠。但他们往往能够执着于自己的梦想，从而摆脱眼前利益的诱惑，冲破困境的束缚。因为他们能够很清楚地看到未来的图景，所以他们能意志坚定、矢志不移。

短视者只能迎接失败，即使他们曾经拥有过很优越的条件。他们往往被眼前的利益所迷惑，在享受今天的同时而忘记或忽略了给明天播种，最后只能被明天抛弃。眼前的利益或许更具诱惑力，但你必须知道有所失才能有所得。也许你暂时失去了眼前的利益，但是你却能在未来的日子里收获甚丰。

所以，眼光长远的人往往能走得长远。他能看见别人所不能看见的东西，掌握事物发展的未来趋势，因而能先行一步。这是成功不可或缺的元素。

认清实质，才会明白舍得

舍得，舍得，须先"舍"而后才会有所"得"，这是至理名言。

他追求她已有五年之久。但她一直都没有接受他的追求，还对他很冷漠。冷漠的她并没有改变他那执着的心。

他在别人面前总是那样的好胜，但他在她面前却是那样的低声下气、委曲求全。他的朋友总是对他说你与她是不可能的，因为她根本就不喜欢你，你再这样下去也没有用，只会自找苦吃。他心想自己难道就不知道是不可能的吗？但是他放不下，他为她付出了五年的光阴，他觉得这样做不值，就这样，他对她一直纠缠不清。

他觉得很累，他想到农村乡下走走，好散散心。他在农田中看到一位老人家在锄一片瓜苗，他觉得好奇，那个老人家为什么要锄掉那么好的一片瓜苗？他上前去问那位老人家，为什么那么好的瓜苗要锄掉？它们还在打瓜仔，他没想到老人家却说出如此的话来。老人家说："瓜苗再好也没有用，我也知道它们还在打瓜仔，但是现在它已经过了这个季节了，锄掉它们好让新的菜苗种上去！如果舍不得这些的话，过了这个季节那就什么都迟了。"听完老人家的话他内心豁然开朗。

有时候看到眼前这些东西而不懂舍去的话，那失去的会更多。舍去眼前的会得到更多的机会。这时他才明白这一切。为什么连一个农村的老人家都知道这得与舍的利害关系，而自己却不知道呢？

于是，他回到他工作的城市，手机也换了号码，一切都重新开始。他放下了她，回头看到自己走过的一路才发现原来自己已经失去了很多很多。接着他开始投入到全新的生活中，工作有了起色，也遇到了爱他的姑娘，结婚生子，过上了幸福的生活。

如果他还死死地抓住原来那个姑娘不放的话，我想大多数人也都能知道结果，即使勉强修成正果，他的生活也不会幸福，因为姑娘不爱他。

是呀，我们的每一步跳跃或者改变，可能并不是人们心目中完美的，都存在一定的风险，但我们不能太在乎那些世俗的衡量标准，而更要看重自己内心到底想要什么。

记得以前曾听说过一个故事：一个中国留学生初到美国时只能靠在街头卖艺生存，那时有一个最赚钱的地盘——一家银行的门口，和他一起拉琴的还有一个黑人琴手，他们配合得很好。后来，这个留学生用卖艺的钱进入大学进修。十年后，这个留学生成为国际上知名的音乐家。一次，他发现那位黑人琴手还在那家银行门前拉琴，就过去问候，那位黑人琴手开口便说："嘿，伙计，你现在在哪个地盘拉琴？"

是啊，人必须懂得及时抽身，离开那些看似最有利可图却不能再进步的地方；人必须鼓起勇气，善于取舍，才能开创出生命的另一个高峰。

生活中也确实有我们太多的舍不得。爱情、家庭、幸福、财富，哪一样想舍掉呢？最想舍掉贫困、疾病、痛苦；最想得到金钱、爱情、快乐等。但命运捉弄人，有时候我们想得到的得不到，不想要的却偏偏来，人生无常呀！

舍和得，祸与福，都有转换的方法和途径。舍弃恶习、名利、贪念，舍弃生活中我们苦苦追求本不该属于自己的那些东西，就能够得到更多的快乐、自由和安宁。这需要我们的悟性、智慧和苦修。

"舍得"两个字组合在一起，体现了中国人的智慧。大舍大得，小舍小得，不舍得和舍不得，最终都得不到。人生就是这样，有舍有得，有得必有失。鱼与熊掌不可兼得，选择鱼还是熊掌，并不是兼得才是最完美的结果，就看你自己的智慧了。

第四章　忽略仇恨，让仇恨终止于宽容

> 宽容是一种博大精深的境界，是人的涵养，是处世的经验、待人的艺术、为人的胸怀。它能包容人世间的喜怒哀乐，使人生跃上新的台阶。与别人为善就是与自己为善，与别人过不去就是与自己过不去，只有宽容地看待人生和体谅他人时，我们才可以获取一个放松、自在的人生，才能生活在欢乐与友爱之中。

仇恨需要埋没在宽容的"土壤"里

古希腊神话中有一位大英雄叫海格里斯。一天，他走在坎坷不平的山路上，发现脚边有个袋子似的东西很碍脚，海格里斯踩了那东西一脚，谁知那东西不但没有被踩破，反而膨胀起来，加倍地扩大着。海格里斯恼羞成怒，操起一根碗口粗的木棒砸它，那东西竟然长大到把路堵死了。

正在这时，山中走出一位圣人，对海格里斯说："朋友，快别动它，忘了它，离它远去吧！它叫仇恨袋，你不犯它，它便小如当初，你侵犯它，它就会膨胀起来，挡住你的路，与你敌对到底！"

我们生活在茫茫人世间，难免与别人产生误会、摩擦。如果不注意，在我们轻动仇恨之时，仇恨袋便会悄悄成长，最终会堵塞通往成功的路。

如果所有美德可以自选，我们就先把宽容挑出来吧。也许平和与安静会很昂贵，不过拥有宽容，我们就可以奢侈地消费它们。宽容能放松别人，也能抚慰自己，它会让我们把爱放在首位；宽容会使我们随和，将一切看得很轻；宽容还会使你不至于失眠，再大的不快、再激烈的冲突，都不会在宽容的心灵里过夜。于是，每个清晨，我们都会在希望中醒来。一旦我们拥有宽容的美德，我们将会一生收获笑容，收获别人的爱。

一个真正有爱心的人，懂得用一颗宽容的心去对待周围的人和事。宽容不但是做人的美德，也是一种明智的处世原则，是人与人交往的"润滑剂"，是一种表达爱的特殊方式。常有一些所谓厄运，只是因为对他人一时的狭隘和刻薄，而在前进的路上自设的一块绊脚石罢了；而一些所谓的幸运，也是因为无意中对他人一时的恩惠和帮助，拓宽了自己的道路。

倘若太吝惜自己的私利而不肯为别人让一步路，这样的人最终会无路可走；倘若一味地逞强好胜而不肯接受别人的一丝见解，这样的人最终会陷入世俗的河流中而无法向前；倘若一再地求全责备而不肯宽容别人的一点瑕疵，这样的人最终宛如凌空在太高的山顶，会因缺氧而窒息。

曾有人把人比喻为"会思想的芦苇"，因为弱小易变，所以情绪易波动，随时都在改变对事物的正确看法。人非圣贤，就是圣贤也有一时之失，我们何以不能宽容自己和别人的失误？宽容并不意味着对恶人横行的迁就和退让，也非对自私自利的鼓励和纵容。谁都可能遇到情势所迫的无奈、不可避免的失误、考虑欠妥的差错。所谓宽容就是以善意去对待有着各种缺点的人们，因其宽广而容纳了狭隘，因其宽广显得大度而感人。犹如水一样，以自己的无形而包容了一切的有形。

要知道宽容犹如冬日正午的阳光，能融化别人心田的冰雪而变成潺潺细流。一个不懂爱的人，一个不懂得宽容别人的人，会显得狭隘；一个不懂得对自己宽容的人，会为把生命的弦绷得太紧而伤痕累累，抑或断裂。

忽略仇恨，快乐在不远处等着你

仇恨的可怕之处在于，如果自己不能主动地浇灭仇恨之火，那么这种感受将无休无止地煎熬着我们。放下仇恨，换来健康轻松的生活，何乐而不为？

有一位德高望重的老禅师叫法正，每年都有成千上万的人去请他解答疑问，或者拜他为师。这天，寺里来了几十个人，全都是心中充满了仇恨而因此活得痛苦的人。他们跑来请法正禅师替他们想一个办法，消除心中的仇恨。

他们每一个人都跑去向法正禅师诉说他们的痛苦，说自己心中有多么多的仇恨。法正禅师说："我屋里有一堆铁饼，你们把自己所仇恨的人的名字一一写在纸条上，然后一个名字贴在一个铁饼上，最后再将那些铁饼全都背起来！"大家听了禅师这么说，不明所以，但还是都按照法正禅师说的去做了。

于是那些仇恨少的人就背上了几块铁饼，而那些仇恨多的人则背起了十几块，甚至几十块铁饼。这样一来，那些背着几十块铁饼的人就很重，非常难受。没多久，有人就叫起来了："禅师，能让我放下铁饼来歇一歇吗？"法正禅师说："你们感到很难受，是吧！你们背的岂止是铁饼，那是你们的仇恨，你们现在都能放下了？"大家不由地抱怨起来，甚至还有人私下小声地说："我们是来请他帮我们消除痛苦的，可他却让我们如此受罪，还说是什么有德的禅师呢，我看也就不过如此！"

还有人高声说道："我看你是在想法子整我们！"

法正禅师虽然人老了，但是却耳聪目明，他听到了 点儿也不生气，反而微笑着对大家说："我让你们背铁饼，你们就对我仇恨起来了，可见你们的仇恨之心不小呀！你们越是恨我，我就越是要你们背!"

过了一会儿,看大家真的是很累了。于是让他们都把铁饼放下来,法正禅师笑着说:"现在,你们感到很轻松,对吧!你们的仇恨就好像那些铁饼一样,你们一直把它背负着,因此就感到很难受、很痛苦。如果你们像放下铁饼一样放下自己的仇恨,你们也就会如释重负,不再痛苦了!"大家听了不由相视一笑,各自吐了一口气。法正禅师接着说道:"你们背铁饼背了一会儿就感到痛苦,又怎能背负仇恨一辈子呢?现在,你们心中还有仇恨吗?"大家笑着说:"没有了!你这办法真好,让我们不敢也不愿再在心里存半点儿仇恨了!"

法正禅师笑着说:"仇恨是重负,一个人不肯放下自己心中的仇恨,不能原谅别人,其实就是自己在仇恨自己,自己跟自己过不去,自己给自己罪受!"听到这里,大家恍然大悟。

排解仇恨情绪是一个净化心灵的过程。我们可以试着说服自己:别人确实伤害了我,但我对此也有一定责任。然后慢慢地让自己接受现实,从心底理解和原谅他人,进而让仇恨情绪随着时间的推移而逐渐淡去。另外,我们也应学得宽容一些,不再那么容易受伤,这样才能防患于未然,不让仇恨之火轻易燃起。

无心之过,一笑置之

古时候有个宰相,一天,他请来一位理发师给他理发。理发师给他理好发后,就给他修面。面修了一半,理发师忽然停下手中的剃刀,两只眼睛看着宰相的肚皮。宰相心想:肚皮有什么好看呢?就问道:"你不修面,却在看我的肚皮,这是为什么?"理发师听了宰相的问话,说:"人家说'宰相肚里好撑船'。我看大人的肚皮并不大,如何可以撑船呢?"宰相听了哈哈大笑,说:"所谓'宰相肚里好撑船',是说宰相气量大,对各种小事都能容忍，从来不计较。"理发师听了，慌忙跪在地上，口中连连说："小人该死，小人该死。"宰相忙问："什么事？"理发师说："小人该死。在修面的时候，小人不小心，将大人左面的眉毛剃掉了，千万请大人恕罪。"宰相一听，十分气愤。他想，剃去了一道眉毛，如何去见皇上，又如何会客呢？正想发怒，但又一想，自己刚才讲过，宰相的气量最大，对那些小事从来不计较，现在为了一道眉毛，又怎么能治他的罪呢？想到这里，宰相只好说道："去拿一支笔来，将剃去的眉毛给我画上。"理发师就按宰相的吩咐，给宰相画上了一道眉毛。

心胸狭小的人多烦恼，别人不能公正地对待他，会使其烦恼；自己的机遇不如人，也会使其烦恼。在生活中遇到些许不顺的事情，便会叫苦连天，仿若安徒生童话中那个豌豆上的公主。

在人的一生中，面对一个小小的过失，常常是一个淡淡的微笑、一句轻轻的歉语，就可以使内疚、紧张和不愉快化为无形；我们也常常因一件小事、一句不注意的话，使人不理解或不被信任，但不要苛求任何人，以律人之心律己，以恕己之心恕人。所谓"己所不欲，勿施于人"也寓理于此。

夏原吉，江西德兴人，是明宣宗时的宰相。他为人宽厚，有古君子之风。

有一次夏原吉巡视苏州，婉谢了地方官的招待，只在客店里进食。厨师做菜太咸，使他无法入口，他仅吃些白饭充饥，并不说出原因，以免厨师受责。随后巡视淮阴，在野外休息的时候，不料马突然跑了，随从追去了好久，都不见回来。夏原吉不免有点担心，适逢有人路过，便向前问道："请问你看见前面有人在追马吗？"话刚说完，没想到那人却怒目对他答道："谁管你追马追牛，走开！我还要赶路。我看你真像一头笨牛！"这时随从正好追马回来，一听这话，立刻抓住那人，厉声呵斥，要他跪着向宰相赔礼。可是夏原古阻止道："算了吧！他也许是赶路辛苦了，所以才急不择言。"于是便笑着把他放走了。

有一天，一个老仆人弄脏了皇帝赐给夏原吉的金缕衣，吓得准备逃跑。夏原吉知道了，便对他说："衣服弄脏了，可以清洗，怕什么？"又有一次，奴婢不小心打破了他心爱的砚台，躲着不敢见他，他便派人安慰她说："任何东西都有损坏的时候，我并不在意这件事呀！"因此，他家中不论上下，都很和睦地相处在一起。

当他告老还乡的时候，寄居途中旅馆，一只袜子湿了，命伙计去烘干。伙计不慎，袜子被火烧坏，伙计却不敢报告；过了好久，才托人请罪。他笑着说："怎么不早告诉我呢？"就把剩下的一只袜子也丢进垃圾桶里。他回到家乡以后，每天和农人、樵夫一起谈天说地，显得非常亲切，不知道的人，谁也看不出他是曾经做过朝廷宰相的人。

成大事业者有大胸怀。这样的人不会成日计较于鸡毛蒜皮，整天着眼于蝇头小利，枉费了许多时间和精力。一个人有了宽广的胸怀，他在生活中便多了理解，多了宽容，多了温和，多了宠辱不惊的气度。他也更能体会到宁静和幸福。

对人宽容，于己便利

世界上最宽阔的东西是海洋，比海洋更宽阔的是天空，比天空更宽阔的是人的胸怀。心胸宽阔的人往往能够得道多助，终成伟业。

拿破仑在长期的军旅生涯中养成宽容他人的美德。作为全军统帅，批评士兵的事经常发生，但每次他都不是盛气凌人，他能很好地照顾士兵的情绪。士兵往往对他的批评能欣然接受，而且充满了对他的热爱与感激之情，这大大增强了他的军队的战斗力和凝聚力，成为欧洲大陆的一支劲旅。

在征服意大利的一次战斗中，士兵们都很辛苦。拿破仑夜间巡岗查哨，在巡岗过程中，他发现一名巡岗士兵倚着大树睡着了。他没有喊醒士兵，而是拿起枪替他站起了岗，大约过了半个小时，哨兵从沉睡中醒来，他认出了自己的最高统帅，十分惶恐。

拿破仑却不恼怒，他和蔼地对他说："朋友，这是你的枪，你们艰苦作战，又走了那么长的路，你打瞌睡是可以谅解和宽容的，但是目前，一时的疏忽就可能断送全军。我正好不困，就替你站了一会儿，下次一定要小心。"

拿破仑没有破口大骂，没有大声训斥士兵，没有摆出元帅的架子，而是语重心长、和风细雨地批评士兵。有这样大度的元帅，士兵怎能不英勇作战呢？如果拿破仑不宽容士兵，那后果只能是增加士兵的反抗意识，从而丧失他本人在士兵中的威信，削弱军队的战斗力。

一位在寺院学习的学生偷窃，被当场捉住。其他学生都很愤慨，要求讲学的禅师把偷窃的学生逐出寺院，以便他们安心修道，但禅师未予理会。

不久，那个学生再次偷窃，不幸当场又被捉，其他学生再度请求禅师驱逐那个学生，禅师仍不理会。其他学生都很愤慨，他们一起签名写了陈情书，向禅师表示：如果不立刻将偷窃的人开除，他们就要集体离开。

禅师读了陈情书，把学生全部招来，也包括犯了偷窃的学生，他对大家说："你们都是有智慧的师兄弟，你们都已经知道什么是对什么是不对，只要你们高兴，到任何地方去参学都可以，但是这位兄弟甚至连是非都分不清楚，如果我不教他，谁来教他呢？我要把他留在这里，即使你们全都离开也是一样的。"

当禅师说完的时候，偷窃的学生忍不住流泪，自己的心灵做了一次洗礼，从此偷窃的行为踪影皆无。其他的学生也为禅师的教化深受感动。

只要理解了宽容的意义，我们就会收获很多东西。

首先，宽容意味着不再心存疑虑。

在日常生活中，当没有缘分的"对手"出于内心的丑恶而在我们背后说坏话做错事时，此时我们想伺机报复还是宽容？当我们亲密无间的朋友无意或有意间做了令我们伤心的事情，此时我们想从此分手还是宽容？冷静地想一想，还是宽容为上。这样于人于己都有好处。

有人说宽容是软弱的象征，其实不然，有软弱之嫌的宽容根本称不上真正的宽容。宽容是人生难得的佳境——一种需要操练、需要修行才能达到的境界。

心理学家指出：适度的宽容对于改善人际关系和身心健康都是有益的。这种宽容指的是对于子女或别人在生活、工作、学习中的过失和过错采取适当的"羞辱政策"，有效地防止事态扩大而加剧矛盾，避免产生严重后果。大量事实证明，不会宽容别人，亦会殃及自身。过于苛求别人或苛求自己的人，必定处于紧张的心理状态之中。由于内心的矛盾冲突或情绪危机难于化解，极易导致肌体内分泌失调，使儿茶酚胺类物质——肾上腺素、去甲肾上腺素过量分泌，引起体内的一系列劣性生理化学改变，从而造成血压升高、心跳加快、消化液分泌减少、胃肠功能紊乱等，并可伴有头昏脑涨、失眠多梦、乏力倦怠、食欲不振、心烦意乱等症状。紧张心理的刺激会影响内分泌功能，而内分泌功能的改变又会反过来增加人的紧张心理，形成恶性循环，贻害身心健康。有的过激者甚至会失去理智而酿成祸端，造成严重后果。而一旦宽恕别人之后，心理上便会经过一次巨大的转变和净化过程，使人际关系出现新的转机，诸多烦闷忧愁可得以避免或消除。

其次，宽容意味着不拿别人的错误来惩罚自己。

气愤和悲伤是追随心胸狭隘者的影子。生气的根源不外乎是异己的力量——人或事侵犯、伤害了自己（利益或自尊心等），一言以蔽之，认定别人做错了，于是勃然大怒，恶从胆边生；咬牙切齿，怒从心头起。凡此种种生理反应无非是在惩罚自己，而且是因为他人的错误！显然不值。

宽容地对待我们的敌人、仇家、对手，我们会得到退一步海阔天空的喜悦、化干戈为玉帛的喜悦和人与人之间相互理解的喜悦。要知道我们并非踽踽单行，在这个世界里，我们虽各自走着自己的生命之路，但世事纷扰，难免有碰撞，所以即使心地最和善的人也难免会伤别人的心。如果冤冤相报，非但抚平不了心中的创伤，而且只能将伤害者捆绑在无休止的争吵中。

宽容是一种博大，它能包容人世间的喜怒哀乐；宽容是一种境界，它能使人跃上光明磊落的台阶。只有宽容，才能"愈合"不愉快的创伤；只有宽容，才能消除人为的紧张。

再次，宽容意味着不再患得患失。

宽容，包括对自己的宽容。只有对自己宽容的人，才有可能对别人也宽容。人的烦恼一半源于自己，即所谓画地为牢、作茧自缚。

芸芸众生，各有所长，各有所短。争强好胜到一定限度，往往受身外之物所累，失去做人的乐趣。只有承认自己某些方面不行，才能扬长避短，才能不让嫉妒之火吞灭心中的灵光。

宽容地对待自己，就是心平气和地工作、生活。这种心境是充实自己的良好状态。充实自己很重要，只有有准备的人，才能在机遇到来之时不留下失之交臂的遗憾。知雄守雌，淡泊人生是耐住寂寞的良方。轰轰烈烈固然是进取的写照，但成大器者，绝非是热衷于功名利禄之辈。

如果一语龃龉，便遭打击；一事唐突，便种下祸根；一个坏印象，便一辈子倒霉，这就说不上宽容，就会被百姓称为"母鸡胸怀"。真正的宽容，应该是能容人之短，又能容人之长。对才能超过自己的人，也不嫉妒，唯求"青出于蓝而胜于蓝"，热心举贤，甘做人梯，这种精神将为世人称道。

宽容的过程也是"互补"的过程。别人有此过失，若能予以正视，并以适当的方法给了批评和帮助，便可避免人错。自己有了过失，亦不必灰心丧气、一蹶不振，同样也应该宽容和接纳自己，并努力从中吸取教训，引以为戒，取人之长，补己之短，重新扬起工作和生活的风帆。

最后，宽容意味着我们有良好的心理外壳。

宽容，对人对己都可成为一种无须投资便能获得的"精神补品"。学会宽容不仅有益于身心健康，且对赢得友谊、保持家庭和睦与婚姻美满，乃至事业的成功都是必要的。因此，在日常生活中，无论对子女、对配偶、对父母、对学生、对领导、对同事、对顾客、对病人……都要有一颗宽容的爱心。宽容，往往折射出为人处世的经验、待人的艺术、良好的涵养。学会宽容，需要自己吸收多方面的"营养"，需要自己时常把视线集中在完善自身的精神结构和心理素质上。否则，一个缺乏文明的阳光照射的精神贫儿，会被人们嗤之以鼻，不屑一顾。

当然，宽容绝不是无原则的宽大无边，而是建立在自信和有益于他人的基础上的适度宽大，必须遵循法制和道德规范。对于绝大多数可以教育好的人，宜采取宽恕和约束相结合的方法；而对那些蛮横无理和屡教不改的人，则不应手软。从这一意义上说，"大事讲原则，小事讲风格"乃是应取的态度。

宽容的回报，往往是意想不到的

大地宽容了种子，于是收获了生机；大海宽容了江河，于是收获了浩瀚；天空宽容了云雾，于是收获了绚丽；人生宽容了过错，于是我们便可以收获未来。

宽容有时候只是极其微小的一个举动，或者是一种可以让仇恨在心底淡化的忍让。但是，往往是很简单而且是很随意的一次包容，可以让你收获意想不到的回报。

曹操经过官渡之战，彻底打败了袁绍。在打扫战场的时候，有手下向他报告说，在袁绍的档案中发现了许多自己人写给袁绍的书信，有人建议查出来，然后将他们砍头。曹操说："算了，将这些书信烧了吧。"部下非常不解，按理说这些人都是国家的叛徒，最轻也是个吃里爬外，不杀头就很不错了，怎么还能一点儿不追究呢？曹操告诉他们说："过去袁绍那么强大，统治着河北那么大的地方，不要说咱们的一些人，就连我心里都没数，那些人都想给自己留个后路，也情有可原嘛。"

曹操是非常厉害的人，不仅是军事家、政治家、文学家、诗人，还是"唯才是举"的创始人。他的宽容是真的宽容，正是他的宽容才使他统一北方，为以后三国归晋打下了基础。

由此，我们也可以总结出这样一点：宽广的胸怀是宽容的前提。曹操曾经写过这样的诗句："日月之行，若出其中；星汉灿烂，若出其里。"试问能有几个心胸狭窄的人能描绘出如此雄奇壮丽的场景？当我们无法宽容别人的时候，何不想一想曹操的胸襟，想一想世界的广阔、宇宙的浩渺，可能你就会忘记自己那点儿芝麻小事了。

包布是一位著名的试飞员，常常在航空展览中做飞行表演。一天，他在圣地亚哥航空展览中心表演完毕后飞回洛杉矶。在高空300米时，两个引擎突然熄火。由于技术熟练，他操纵着飞机安全着陆，但是飞机严重损坏，所幸没有人员伤亡。

在迫降之后，包布的第一个行动就是检查飞机的燃料。正如他所疑虑的，他所驾驶的螺旋桨飞机使用的竟然是喷气式飞机的燃料而不是汽油。

回到机场后，他要求见见为他保养飞机的机械师。这位年轻的机械师为所犯的错误非常难过。当包布走向他时，他正泪流满面，他造成了一架非常昂贵的飞机的损失，差一点儿还使3个人失去了生命。

你可以想象包布必然大为震怒，这位极有荣誉心、事事要求精确的飞行员必然会痛斥机械师的疏忽。但是包布没有批评他。相反地，他用手臂抱住那个机械师的肩膀，对他说："为了表示我相信你不会再犯错误，我要你明天再为我保养飞机。"

这虽然只是一个故事，但也足以给我们启迪。拉瓦特曾经说过："没有宽容过敌人的人，从未享受过人生最大的一种乐趣。"这句话说起来容易，但做起来难。想想，平时我们大概会习惯责骂他人的错误，尤其是当他们的错误对我们的生活产生了不利影响时，我们可能会失控。当愤怒之情占据我们的心灵，辱骂、打架便随之而来。但这样做，对我们又有什么益处呢？还不如原谅他人呢！

有一日，楚庄王兴致大发，要大宴群臣，从中午一直喝到日落西山。楚庄王又命点上蜡烛继续喝，群臣越喝兴致越浓。忽然间，起了一阵大风，将屋内蜡烛全部吹灭。此时，一位喝得半醉的武将趁灯灭之际搂抱了楚庄王的妃子。妃子慌忙反抗之际，折断了那位武将的帽缨，然后大声喊道："大王，有人借灭灯之机，调戏侮辱我，我已将那人的帽缨折断，快快将蜡烛点上，看谁的帽缨折断了，便知是谁。"

正当众人忙于准备点灯时，楚庄王高声喊道："今日欢聚，不折断帽缨就不算尽兴。现在大家都把帽缨折断，谁不折断就是对我不忠，然后我们大家痛饮一番。"

等大家都把帽缨折断以后，楚庄王才命人重新将蜡烛点上，大家尽兴痛饮，愉快而散。此后，那位失礼的武将对楚庄王感恩不尽，他暗下决心，自己的人头就是楚庄王的，对楚庄王忠心耿耿、万死不辞。这就是历史上有名的"绝缨宴"。

七年后，楚庄王伐郑，一名战将主动率领部下先行开路。这名战将拼命死战，在他所到之处敌军闻风丧胆，直杀到郑国国都。战后，楚庄王论功行赏，这才知道这名战将叫唐狡。唐狡不想要任何赏赐，承认七年前宴会上的无礼之人就是自己。今日此举全为报答七年前楚庄王的不究之恩。楚庄王大为惊叹，并把这名妃子赏赐给了唐狡。

楚庄王可以在手下冒犯了自己的爱妃的时候宽宏大量，原谅下级的过失，自然会有人死心塌地地追随他。人人都有犯错误的时候，如果能以一颗宽容的心去面对，那么很多矛盾和过节都会迎刃而解。若凡事都要计较，不肯吃一点儿小亏，表面上看是维护了自己的利益，实际上却失去了很多。

　　生活中，多一些宽容，多一些忍让。不管是朋友无意中的伤害，还是敌人的恶意欺辱，何不相视一笑泯恩仇、化干戈为玉帛呢？所以，从现在做起，从身边的每一件小事做起，多多原谅别人，因为"人非圣贤，孰能无过"，而且很多时候，我们都需要宽容。宽容不仅是给别人机会，更是为自己创造机会。

第五章　忽略自卑，你本来就很好

成功的人拒绝自卑，因为他们知道，自轻自贱会把自己拖垮。一个人若为自卑所控制，其心灵将会受到严重的束缚，创造力也会因此而枯萎。放下自卑，自己就是一座金矿。学会化自卑为自信，把缺陷变优点，才能从挫败中站出来，活得快乐而有自信。

自卑是一种心理疾病

自卑，就是自己轻视自己，看不起自己。自卑心理严重的人并不一定就是他本人具有某种缺陷或短处，而是不能容纳自己，自惭形秽，常把自己放在一个低人一等、不被人喜欢、进而演绎成别人看不起的位置，并由此陷入不能自拔的境地。正是自卑这个绊脚石阻碍着我们前进的步伐。

自卑的人心情低沉，郁郁寡欢，常因害怕别人瞧不起自己而不愿与别人来往，只想与人疏远，缺少朋友，甚至内疚、自责、自罪；他们做事缺乏信心，没有自信，优柔寡断，毫无竞争意识，享受不到成功的喜悦和欢乐，因而感到疲劳、心灰意冷。

下面这些想法是自卑者的典型心理：

消极地看待问题，凡事总往坏处想。自卑者最难忘怀的便是失望和厄运。他们整天想着消极的事情，谈了又谈，算了又算，而且牢牢地记着，准备将来还要谈这些事情。

多疑，对别人和自己的信心都不足。"别干这件事，这件事对你来说恐怕太吃力了，会把你搞垮的；我肯定要迷路，再也找不到那个地方了。"

高兴不起来。如果你对于生活前景的看法是消极的，你就不可能快乐。对于情绪消极的自卑者来说，几乎根本没有过欢笑愉快的经历。他们把现时可能享受的欢乐也失去了，因为他们还在回味昨日不愉快的记忆，沉溺于被今日唤起的痛苦之中。

老是想扫兴的事，一旦看到别人热情地去做某件事，会觉得不可思议。他们把前途看得一片黯淡，连气都透不过来，于是把所有的气氛都破坏了。失败者不管要做什么事情，总是处处碰上他自己设下的牢笼，处处都应验了他们自己所说的话。

不愿意改变，不愿意尝试新事物，总是自责和自怨自艾："什么事情出了毛病都是我被责备；我们家的问题就是谁也不为我考虑。"

希望得到帮助或机会，又觉得没有这样的好事："在这个城市里，要碰见一个好人是不可能的。"

意志消沉。自卑者的意志是消沉的，他们心情沉重的原因之一是"背负情感包袱"。他们像负重的牲畜一样，把没有解决的老问题、老矛盾背在身上，天天翻来覆去地念叨那些烦恼事。

长期被自卑情绪笼罩的人，一方面感到自己处处不如人，另一方面又害怕别人瞧不起自己，逐渐形成了敏感多疑、多愁善感、胆小、孤僻等不良的个性特征。自卑使他们不敢主动与人交往，不敢在公共场合发言，消极应付工作和学习，不思进取。因为自认是弱者，所以无意争取成功，只是被动服从并尽力逃避责任。

自卑的人总哀叹事事不如意，老拿自己的弱点比别人的强处，越比越气馁，甚至比到自己无立足之地。有的人在他人面前就脸红耳赤，说不出话；有的人遇上重要的会面就口吃结巴；有的人认为大家都欺负自己，因而厌恶他人。因此，若对自卑感处置不妥，无法解脱，将会使人消沉，甚至走上邪路，坠入犯罪的深渊，或走上自杀的道路。不良少年为了逃避自卑感会加入不良集团。

与此同时，长期被自卑感笼罩的人，不仅自己的心理活动会失去平衡，而且生理上也会引起变化，最敏感的是心血管系统和消化系统将会受到损害。生理上的变化反过来又影响心理变化，加重人的自卑心理。

自卑是个人对自己的不恰当的认识，是一种消极心理。在自卑心理的作用下，遇到困难、挫折时往往会出现焦虑、泄气、失望、颓丧的情感反应。一个人如果做了自卑的俘虏，不仅会影响身心健康，还会使聪明才智和创造能力得不到发挥，使人觉得自己难有作为，生活没有意义。所以，克服自卑心理是一个重要的心理健康问题。

其实你本来就很好

苏格拉底在风烛残年之际，知道自己时日不多了，就想考验和点化一下他的那位平时看来很不错的助手。他把助手叫到床前说："我的蜡所剩不多了，得找另一根蜡接着点下去，你明白我的意思吗？"

那位助手赶忙说："明白，您的光辉思想是得很好地传承下去的。"

可是，苏格拉底慢悠悠地说："我需要一位最优秀的承传者，他不但要有相当的智慧，还必须有充分的信心和非凡的勇气……不过这样的人选直到现在我还没有发现，你帮我寻找和发掘一位好吗？"

助手很温顺、很尊重地说："好的，我一定竭尽全力去寻找，不会辜负您的栽培和信任。"

苏格拉底笑了笑，没再说什么。

那位忠诚而勤奋的助手，不辞辛劳地通过各种渠道开始寻找了。可他领来一位又一位，都被苏格拉底婉言谢绝了。有一次，当助手再次无功而返地回到他病床前时，病入膏肓的苏格拉底硬撑着坐起来，抚着助手的肩膀说："真是辛苦你了，不过，你找来的那些人，其实都还不如你呢。"

助手恳切地说："我一定加倍努力，即便是找遍城乡各地、找遍五湖四海，我也要把最优秀的人选挖掘出来，举荐给您。"

苏格拉底笑笑，不再说话。半年之后，他眼看就要告别人世了，最优秀的人选还是没有眉目。助手非常惭愧，泪流满面地坐在病床边，语气沉重地说："我真对不起您，令您失望了！"

苏格拉底说："失望的是我，对不起的却是你自己！"说完很失意地闭上眼睛，停顿了许久，才又哀怨地说："本来，最优秀的就是你，只是你不敢相信，才把自己给忽略、耽误，给丢失了。其实，每个人都是最优秀的，差别就在于如何认识自己、如何发掘和重用自己……"话没说完，一代哲人就永远离开了这个世界。

那么，如何克服自卑呢？

首先，要正确认识自己。通过客观地分析自己、公正地评价自己，可以恰如其分地发现自己的弱点，不夸大，不绝对化，有利于恢复自己的信心，还可以发现自己真正的长处，制定适合自己的目标，减少失败的发生，从而增强自己的信心。

我们已经说过，人生最大的难题莫过于不知道你自己！许多人谈论某位企业家、某位世界冠军、某位电影明星时，总是赞不绝口，可是一联系到自己便一声长叹："我不是成材的料！"他们认为自己没有出息，不会有出人头地的机会，因为他们觉得自己"生来比别人笨""没有高级文凭""没有好的运气""缺乏可依赖的社会关系"，"没有资金"，等等。

其次，要正确对待成败。一个人不可能永远成功，也不可能永远失败。所以，不必为暂时的失败而灰心丧气，以免加重自卑，形成恶性循环，更不必为一时的成功而过分地沾沾自喜，产生优越感。优越感是自卑的另一种表现形式，越是自卑的人就越想体验优越的快感，两者相互作用，容易导致心理障碍。自卑并非真正存在，大多是自卑者自己虚构的，明白了这一点，克服它也就不难了。

最后，不要活在他人的光环下。一个值得关注的现实是，由于我们身边有太多的成功人士，以至于他们的光环遮住了我们的风采，甚至外来的因素让许多人活在别人的标准里，而不知道最有权利为自己打分的正是我们自己。认识到这一点对于每一个人的发展至关重要。

身残志还能坚，更何况你呢

纽约的深秋来临了，树叶片片落下。一阵风吹过，一个年轻的乞丐不禁打了一个寒噤，空荡荡的裤脚随风飘起。自从他的右脚连同整条腿断掉后，他的一切希望都化成了泡影，他变成了一个乞丐，每天靠别人的施舍过日子。可是今天太不幸了，他一整天都没有吃东西了。乞丐走进一个庭院，向女主人乞讨。

可是，女主人毫不客气地指着门前一堆砖，对乞丐说："你帮我把这些砖搬到屋后去吧。"

他故意把拐杖往地面上敲打，想引起女主人的怜悯之心。

女主人并不生气，俯身搬起砖来，她故意用一只手拿一根棍子，一只手拿砖头，依靠一条腿走路，搬了一趟说："你看，并不是非要两条腿才能干活。我能干，你为什么不能干呢？"

乞丐怔住了，他用异样的目光看着妇人，尖突的喉结像一枚橄榄上下滑动了两下，终于俯下身子，用他那唯一的腿和一只手搬起砖来。因为一次只能搬两块，他整整搬了两个小时才把砖搬完，累得气喘如牛，脸上有很多灰尘，几绺乱发被汗水浸湿了，贴在额头上。

妇人递给乞丐一条雪白的毛巾，说："这下你该明白了吧，要想干成功一件事，就别让自卑绊住了你的腿。"

乞丐接过去，很仔细地把脸和脖子擦了一遍，白毛巾变成了黑毛巾。

妇人又递给乞丐 20 元钱，乞丐接过钱，很感激地说："谢谢你。"

妇人说："你不用谢我，这是你自己凭力气挣的工钱。"

乞丐说："我不会忘记你的，这条毛巾也留给我作纪念吧。"说完他深深地鞠了一躬，就上路了。若干年后，一个穿着体面的人来到这个庭院。他举止优雅，气度不凡，跟那些自信、自重的成功人士一模一样。美中不足的是，这人只有一条左腿，右腿是一条假肢。

来人俯下身用手拉住有些老态的女主人说："如果没有你，我还是个乞丐，是你让我克服了心中的自卑，增添了我走向成功的勇气。现在，我是一家公司的老板。"

妇人已经记不起他是谁了，只是淡淡地说："这是你自己凭信心干出来的。"

没有右腿的乞丐是靠什么成功的？是他克服自卑增强自信后走向了成功。在他断掉右腿时，世界对他来说是灰暗的，他认为自己什么都不能做了。当他用两只手一趟趟地把砖头搬走时，他甩开了自卑的局限，获得了一种新的力量，迈开了走向成功的脚步，并最终获得了成功。

一个平庸的人如果让自卑绊住了前进的脚步，就只能像一个乞丐一样，靠施舍过日子，没有希望，更谈不上成功。如果克服了自卑，增强了信心和勇气，就像枯木逢春，依旧可以枝繁叶茂。

唐大焱在他 16 岁那年患了甲状腺功能丧失症，靠终生吃药维持身体内的激素平衡。2008 年，他又不慎从 10 米高处坠落，全身骨折，右肺严重挫伤。尽管如此，他并没有自卑，而是凭借着顽强的毅力克服了一切困难。在 2008 年，唐大焱创作完成了国内最大的一幅彩色粮食画《人民总理周恩来》，耗时 5 个月，使用芝麻 11 万颗，获全国金奖。2009 年 6 月，唐大焱创办了重庆五谷粮食画工作室——重庆大焱工艺品厂。唐大焱花了9年时间，收集了大量历史文献资料，准备出版《五谷文化艺术大观》一书。

由此可见，身残不可怕，可怕的是心残。我们要用自己的自信与坚强书写自己的人生。

没有人为你鼓掌，那就自己鼓掌

给自己鼓掌喝彩，就是给自己加油，给自己自信。生活里没人给你掌声，无人为你喝彩，那你可以自己为自己鼓掌喝彩，这也不失为一种美。

有一位美国作家，他是靠着为报社写稿维持生活的。他给自己定了一个目标，每周必须完成两万字。若达到了这一目标，就到附近的餐馆饱餐一顿作为奖赏；超过了这一目标，还可以安排自己去海滨度周末，在海滩上大声为自己鼓掌、喝彩。于是，在海滨的沙滩上，常常可以见到他自得其乐的身影。

作家劳伦斯·彼德曾经这样评价一些著名歌手：为什么许多名噪一时的歌手最后以悲剧结束一生？究其原因，就是在舞台上他们永远需要观众的掌声来肯定自己，需要别人为自己喝彩。但是由于他们从来不曾听到过来自自己的掌声和喝彩声，所以一旦下台，进入自己的卧室时，便会倍觉凄凉，觉得听众把自己抛弃了。他的这一剖析，确实非常深刻，也值得深省。

我们鼓励所有人给自己鼓掌、为自己喝彩，绝不是让他自我陶醉，而是为了让他强化自己的信念和自信心，正确地评估自己的能力。

当我们取得了成就、做出了成绩，或朝着自己的目标不断前进的时候，千万别忘了给自己鼓掌、为自己喝彩。当你对自己说"你干得好极了"或"真是一个好主意"时，你的内心一定会被这种内在的诠释所激励。而这种成功途中的欢乐，确实是很值得你去细细品味的。

象山县爵溪的郑昌根忽遇瘫痪，人生一时陷入了低谷，在无人鼓掌喝彩的时候，他自己给自己掌声，在自己鼓掌的人生里，他创造了巨大的财富，帮助了无数人，留下了许多感人事迹。正如他所说："是自己给自己鼓掌加油拯救了自己。"

人生来就需要得到鼓励和赞扬。许多人做出了成绩，往往期待着别人来赞许。其实光靠别人的赞许还是不够的，何况别人的赞许会受到各种外在条件的制约，难以符合你的实际情况或满足你真正的期盼。如果要克服自卑感，增强自己的自信心和成功信念，那么就不妨花些时间，恰当地自己为自己喝彩。

苏轼高唱"大江东去，浪淘尽，千古风流人物"，唱出了自己的开阔、豪放；曹操背负着"治世之能臣，乱世之奸雄"，打下了自己的天地；王维憧憬着"竹喧归浣女，莲动下渔舟"，向往着田园的清静；陶渊明吟着"采菊东篱下，悠然见南山"，耕耘着内心的田地……他们都成功了，他们自信，他们笑对生活，他们为自己喝彩。

生活中，一个成功者善于爱护并不断地培育自己的自信心，他们懂得如何"给自己鼓掌"。一个不信任自己的人，一个悲观处世的人，一个只是把自己的成果当作侥幸的人，不可能成为成功者。

面对当今日趋激烈的竞争，我们更应该多一点自信，少一点自卑，给自己一个掌声，让自己多一份潇洒，给自己提供一个展示自我的舞台，让自己成为最大的喝彩者。

完善不足，超越自卑

每个人都有自己的缺点，但我们不应因此而自卑，应不断完善。

有一位挑水夫，他有两个小桶。其中一只桶完好无缺，另一只则有一条小裂缝。每一趟长途的挑运之后，完好无缺的桶总能将满满的一桶水从溪边送到主人家中，但有裂缝的桶到达主人家时，却总剩下半桶水。

两年来，挑水夫就这样每天挑一桶半水到主人家。当然，好桶对自己能够送满桶水感到很自豪，而破桶则对于自己的缺陷感到非常羞愧，它为只能负起责任的一半而难过。

饱尝了两年失败的苦楚，破桶终于忍不住了，在小溪旁对挑水夫说："我很惭愧，必须向你道歉。"

"为什么呢？"挑水夫问道，"你为什么觉得惭愧？"

"过去两年，因为水从我这边一路漏掉了，我只能送出半桶水到主人家。由于我的缺陷，使你做了全部的工作，却只收到一半的效果。"破桶说。

挑水夫也替破桶感到难过，他满怀爱心地说："我们在回到主人家的路上，你留意一下路旁。"

走在回去的路上，破桶突然眼前一亮，它看到缤纷的花朵开满了路的一旁，沐浴在温暖的阳光之下，这景象使它开心了许多。

但是走到路的尽头，它又难受了，因为一半的水又在路上漏掉了。破桶再次向挑水夫道歉。

挑水夫温和地对它说："你有没有注意到小路的路旁，只有你的那一边有花，好桶的那边却没有开花？我明白你有缺陷，因此我善加利用，在你的那边路旁撒了花种，每次我从溪边回来，你就替我一路浇了花。两年来，这些美丽的花朵装饰了主人的餐桌。如果你不是这个样子，主人的桌上也就没有那么多好看的花儿了。"

有自卑感的人总是习惯于拿自己的短处和别人的长处相比，结果越比越觉得不如别人，形成自卑心理。内心的自卑对一个人的成长与发展是最要命的，因而，如果你发现自己自卑，就要用理性的态度把它铲除掉。

如果你想完善自我、寻找快乐，就要战胜自卑。自卑源于自我评价过低，源于没能正确地定位自己的人生坐标。战胜自卑，首先要正确地认识自己和评价自己。"尺有所短，寸有所长"，每个人都是既有优点又有缺点的。自卑者要学会正确看待自己的优缺点，努力发现自己的可爱之处，强化自己的长处，弥补自己的短处。

克服自卑，还要学会科学地比较，掌握正确的比较方法，确定合理的比较对象。如果以己之不足和他人之长相对照，肯定只会长他人志气、灭自己威风，最终落进自卑的泥潭，失去前进的动力。当然，也不能从一个极端走向另一个极端，老是用自己的长处去比别人的短处，这样容易唯我独尊，总觉得比别人高出一筹，产生扬扬自得、不可一世的心理。

此外，战胜自卑，还应着力去弥补自己的不足之处，使自己得到更大的发展。大凡在事业上做出突出成绩的人，在这方面都是做得很好的。日本前首相田中角荣天资聪颖，但中学时患有口吃的毛病，给他带来巨大的苦恼，他因此变得自卑、羞怯和孤僻。有一次上课，他的同桌捣乱，教师误以为是田中干的，当田中站起来辩解时，竟面红耳赤，说不清楚，老师更加认定是他做错了又不承认，别的同学也嘲笑起来。这件事对田中刺激很大，他回家后，分析自己口吃的原因主要还是源于个人的自卑。从此，他时时鼓励自己在公共场合发言，主动要求参加话剧演出并经常练习，终于克服了口吃的毛病，为他走上职业政治家的道路奠定了基础。

正确全面认识自己的优点和缺点，充分肯定自己，相信自己的能力，挖掘自己的潜力，提高自己，就能消灭自卑，找回自信，赢得完美人生。

用自信来赶走自卑

他，从一个人口仅有 20 多万的北方小城考进了北京的一所大学。

他一个学期都不敢和同班的女同学说话。

因为上学的第一天，与他邻桌的女同学问他的第一句话就是：你从哪里来？而这个问题正是他最忌讳的，因为他认为，出生于小城，就意味着小家子气，没见过世面，肯定会被那些来自大城市的同学瞧不起。第一个学期结束的时候，有很多同班的女同学都不认识他。

很长一段时间，自卑的阴影都占据着他的心灵，最明显的体现就是每次照相，他都要下意识地戴上一个大墨镜，以掩饰自己的内心。

她，也在北京的一所大学里上学。

她不敢穿裙子，不敢上体育课。她疑心同学们会在暗地里嘲笑她，嫌她肥胖的样子太难看。大部分日子，她都在疑心、自卑中度过。

大学时期结束的时候，她差点儿毕不了业，不是因为功课太差，而是因为她不敢参加体育长跑测试。老师说："只要你跑了，不管多慢，都算你及格。"可她就是不跑，她想跟老师解释，她不是在抗拒，而是因为恐慌，恐惧自己肥胖的身体跑起步来会非常愚笨，一定会遭到同学们的嘲笑。可是，她连向老师解释的勇气也没有，只是茫然不知所措。她只能傻乎乎地跟着老师走，老师回家做饭去了，她也跟着。最后老师烦了，勉强算她及格。

后来，在播出的某个电视晚会上，她对他说："要是那时候我们是同学，可能是永远不会说话的两个人。你会认为，人家是北京城里的姑娘，怎么会瞧得起我呢？而我则会想，人家长得那么帅，怎么会瞧得上我呢？"

他，是中央电视台著名节目主持人，经常对着全国几亿电视观众侃侃而谈。他主持的节目给人印象最深的特点就是从容自信。

他的名字叫白岩松。

她，也是中央电视台著名节目主持人，而且是完全依靠才气，丝毫没有凭借外貌走上中央电视台主持人岗位的。她的名字叫张越。自卑让他们饱受折磨，而克服自卑后的形象却得到了世人的认可与尊重。这其中的反差是何等巨大。

自卑与自信仅是一线之隔，如果你不能克服自卑，它将会充溢你的身体，打击你的信心，使你无法忍受而走上自毁之路。

一旦走不出自卑的阴影，我们便以"责怪"来求取解决，但这往往会加深我们的失望，使我们不敢面对自身的状况。

1.把缺陷变为优点

不要自认有缺陷而攻击自己，应该想办法把缺陷忘掉，或者把缺陷变为优点。

有个害羞、内向的年轻人，在一家杂志社当编辑，因为有听觉障碍而不得不戴助听器。最初他认为戴助听器会带来工作上的阻碍，对自己很没有信心。

后来，他从失败中吸取教训，终于想出一个策略：当有人向他说"不"时，他就佯装没听见，等对方给他肯定的答复时，他马上做出已经由助听器得到信息的表情。

自从他发现自己的缺陷竟然有利于自己时，简直就像脱胎换骨一样，原来自卑的心理早已消失无踪，现在的他是一个精明能干的编辑，非常有决断能力。

当你发现自己有缺陷时，不必害怕，也不要逃避，而是设法利用它，坚定地迈向成功之路。

2.化逆境为顺境

事情有消极的一面，也会有积极的一面，它的差别在于我们想不想改变。只要我们有改变的意愿和决心，并且拥有改变所需要的技巧与方法，必然能改变我们的现状。

化逆境为顺境，并非是遥不可及的神话，重点在于你必须作出建设性的改变。它需要时间与决心。你必须深信自己有能力做出新的决定，并且将之付诸实践。

3.用心去做

你可以改变自己的现状，但你必须用心去做。假使你在某些方面有缺陷或弱点，可以经常把你的思想集中在那里。思想常常集中在那个地方，那一部分的脑细胞会渐渐地转强、渐渐地发达。怀着积极、乐观、坚定的思想，会使我们的精神机能加强；反之，怀疑与缺乏自信的思想会使之转弱。

例如，你有主意不坚定与优柔寡断的毛病，只要常常抱着一种坚决的态度，常常将自己想成敏捷、聪明、果断的人，不要以为自己是弱者，慢慢就能克服自身的缺陷。

4.相信自己一定可以做得到

相信很多人都会有疑问："我真的可以成功吗？"不错，每个人都想成功，但自卑的性格却使我们退却，抑制自己不敢迈向成功之路。

不可否认，每个人的内心都会有害怕的想法，但与其害怕失败而不敢去做，不如实际去做了再说，至少比不做有机会。

问题在于你是否有成功的决心，不要担心会不会失败，如果你习惯抑制自己，就会变得什么事都不敢去做，就算幸运降临到你身上，你也会白白让它错过。

5.不放下

不要放下任何你想做的事，即使你觉得自己不如别人，或者根本不可能有机会，你还是得坚持下去，尤其不该半途而废，因为中途停止只会使你觉得自己更无能。

不要老是想着为什么总是不如别人。学会化自卑为自信，把缺陷变优点，才能从挫败中站出来，活得快乐而有自信。

第六章　忽略懦弱，
你可以再勇敢一点

　　曾经有这样一句话："你若失去了财产，你只失去了一点；你若失去了荣誉，你就丢掉了许多；你若失掉了勇气，你就把一切都失掉了。"我们不得不承认，幸运之神总是会照顾勇敢的人。勇气是一个人处于逆境中的光明，如果生活是一个残酷的战场，从来都是勇者无畏前进，懦弱者黯然后退；如果生命是一条艰险的狭谷，那么只有勇敢的人才能顺利通过。

逆境之中方能成就自我

　　人，从一来到这个世界就注定要经历各种磨难与坎坷，人的一生有顺境也有逆境，顺境中你可能会奋发向上，但如果此时的你正处于逆境中艰难跋涉，朋友，你是退缩还是一如既往地前进呢？这关键是看你有没有在逆境中披荆斩棘的勇气。

　　有些人一遇到挫折就一蹶不振，还有些人能战胜挫折，并从挫折中学习。

　　对于一个懂得人生意义的人来说，他做事情就不存在失败的概念。事情做得不如意，没有达到预想的效果，那叫没有成功；事情做好了，预期的效果达到了，那叫取得初步成功。对于这种人来说，始终保持着一种积极进取的姿态，从来都不会放下自己对理想的追求，也不会因为什么打击而一蹶不振。挫折是他们成长的食粮，而成功是对他们努力的鼓励。在他们看来，活在世界上是为了一种使命，因为这种使命，他们迅速地往前奔跑；因为这种使命，他们摔倒了继续再跑；也因为这种使命，成败对于他们来说并不是那么重要。他们曾经也担心过失败，就好像刚学游泳的人总是担心掉入水中呛水，但是他们明白自己如果不下去游，不呛几口水，永远都不可能取得成功。

正是因为这种心态，他们对成败看得不是太重。他们是可以失败、不怕失败的人。也正是因为他们可以失败、不怕失败，所以他们会遇到很少的挫折，会取得更大的成功。很多人在四五十岁时的心态是相当纯正的，也是最能取得成功的心态。如果一个二三十岁的青年能够以一种四五十岁时的心态去做事情，那么他们必然会取得更大的成功。人害怕什么，什么东西就围绕在他周围挥之不去，就像一个人特别害怕公开演讲一样，他越是害怕，越是容易在演讲时出错。一个木桶的盛水量是由最短的一块板决定的，人的能力发挥同样如此。各方面的能力构成了一块块板，哪一块板短必然会影响整体能力的发挥。

看待挫折应该有一个好的心态，不要把挫折看得太重了。跌倒了，立即爬起来就走，而不要躺在地上呻吟，说自己为何如此命苦，上天对我为何如此不公。摔伤了，就当没有受伤一样，而不要老是盯着伤口，感叹这个伤口怎么这么疼，这个伤口不知道什么时候能好。其实很多时候越是关注，越是很难好。伤口好和自己的关注虽然没有直接的关系，但关注太多容易自怨自艾，容易让自己心中始终有阴霾。

不要把成功看得太重，也不要把失败看得太重。没有人会在临终的时候对家人说："我好懊悔小学五年级时考试没有及格。"人到最后往往会长叹一口气，想到自己一生经历了那么多挫折，真是不简单。挫折在这个时候也变得十分可爱起来。

逆境其实并不可怕，因为你可以在经受磨难的考验后攀上人生的巅峰，而可怕的是你没有了战胜困难、自强不息的勇气。罗曼·罗兰说："一帆风顺固然值得羡慕，但那天赐的幸运不可多得，可遇而不可求。"在人生旅途中，你每走一步都会有一步的经验，无论你绕了多远，无论你被阻挡得多严密，无论你跌撞出多少伤痕，无论你失败多少次……只要你永远不说放下，你就会有走到目标的一天。

懦弱的人，没人看得起

懦弱的人害怕有压力的状态，因而他们也害怕竞争。在对手或困难面前，他们往往不善于坚持，而选择回避或屈服。懦弱者对于自尊并不忽视，但他们常常更愿意用屈辱来换回安宁。

懦弱者常常害怕机遇。因为他们不习惯迎接挑战。他们从机遇中看到的是忧患，而在真正的忧患中，他们又看不到机遇。

懦弱者不善于解决冲突，因而他们也害怕刀剑，进攻与防卫的武器在他们的手里捍卫不了自身。他们当不了凶猛的虎狼，只愿做柔顺的羔羊，而且往往是任人宰割的羔羊。

懦弱总是会遭到嘲笑，而遭到嘲笑，懦弱者会变得更加懦弱。

懦弱者经常自怜自卑，他们心中没有生活的高贵之处。宏图大志是他们眼中的浮云，可望而不可即。

懦弱通常是恐惧的伴侣，恐惧加强懦弱。它们都束缚了人的心灵和手脚。

懦弱常常会品尝到悲剧的滋味。在中国历史上，南唐后主李煜性格懦弱，终于没能逃脱沦为亡国之君、饮鸩而死的悲惨命运。

当初，宋太祖赵匡胤肆无忌惮、得寸进尺地威胁欺压南唐。镇海节度使林仁肇有勇有谋，听闻宋太祖在荆南制造了几千艘战舰，便向李后主奏禀，宋太祖实是在图谋江南。南唐爱国人士获知此事后，也纷纷向他奏请，要求前往荆南秘密焚毁战舰，破坏宋朝南犯的计划。可李后主却胆小怕事，不敢准奏，以致失去防御宋朝南侵的良机。

后来，南唐国灭，李后主沦为阶下囚，其妻小周后常常被召进宋宫，侍奉宋皇，一去就得好多天才能放出来，至于她进宫到底做些什么，作为丈夫的李后主一直不敢过问。只是小周后每次从宫里回来就把门关得紧紧的，一个人躲在屋里悲悲切切地抽泣。对于这一切，李煜忍气吞声，把哀愁、痛苦、耻辱往肚里咽，实在憋不住时，就写些诗词，聊以抒怀。

李煜虽然在诗词上极有造诣，然而作为一个国君、一个丈夫，他是一个懦夫、一个失败者。

美国最伟大的推销员弗兰克说："如果你是懦夫，那你就是自己最大的敌人；如果你是勇士，那你就是自己最好的朋友。"对于胆怯而又犹疑不决的人来说，一切都是不可能的，正如采珠的人如果被鳄鱼吓住，怎能得到名贵的珍珠？事实上，总是担惊受怕的人，他就不是一个自由的人，他总是会被各种各样的恐惧、忧虑包围着，看不到前面的路，更看不到前方的风景。正如法国著名的文学家蒙田所说："谁害怕受苦，谁就已经因为害怕而在受苦了。"懦夫怕死，但其实，他早已经不再活着了。

世上没有任何绝对的事情，懦夫并不注定永远懦弱，只要他鼓起勇气，大胆向困难和逆境宣战并付诸行动，便会成为勇士。正像鲁迅所说："愿中国青年都摆脱冷气，只是向上走，不必听自暴自弃者说的话。能做事的做事，能发声的发声，有一分热发一分光，就像萤火一般，也可以在黑暗里发一点光，不必等待炬火。"

暂时的逆境不算什么，只要我们有战胜困难的勇气，我们一定会走出逆境，达到成功。女作家海伦·凯勒曾说过："像我一样，只要给我一次漂流的机会，它最终将会来到你身边，大家谁不是一边受着伤，一边学会坚强？"

生活需要冒险，成功需要勇敢

一个经常害怕危险的人，做事是没有开创性的，是不可能取得成功的。因为在做任何事情的时候都会有危险的存在。可以说，危险无处不在，生活中要勇于冒险。

曾经有这样一个故事：

有一天，龙虾与寄居蟹在深海中相遇，寄居蟹看见龙虾正把自己的硬壳脱掉，只露出娇嫩的身躯。寄居蟹非常紧张地说："龙虾，你怎可以把唯一保护自己身躯的硬壳也放下呢？难道你不怕有大鱼一口把你吃掉吗？以你现在的情况来看，连急流也会把你冲到岩石上去，到时你不死才怪呢？"

龙虾听到这以后，他只是气定神闲地回答："谢谢你的关心，然而你并不了解，我们龙虾每次成长，都需要先脱掉旧壳，只有这样才能生长出更坚固的外壳，现在面对的危险，只是为了将来发展得更好而做出的准备。"

寄居蟹听到以后，细心地思量了一下，自己整天只找可以避居的地方，而没有想过如何令自己成长得更加强壮，整天只是生活在别人的荫庇之下，难怪自己的发展总是受到一些限制。

每个人都有属于自己的安全区，如果想要超越自己目前所取得的成就，就不要画地自限，要勇于接受挑战，不断充实自我，你一定会发展得比想象中还要更好。在我们的生活当中，同样也是这样的道理，只有大赌者才能大赢。胆略可谓是企业成功的一个必要条件，而胆略也就意味着一定的风险，战略的前瞻性往往意味着风险的性质。因此，我们常常认为战略的执行往往就是企业家的胆略所产生的结果。

想要制定出一个成功的战略就需要有胆有识，而战略的冒险则可能有两种结果出现：失败，或者成功。有人可能要说，我可以选择一个保守的战略。然而我们必须要认识到一点：如果一个企业家没有制定超前的战略，没有胆略和谋划，那么他也就不会全心全力地去一味地投入，而企业的任何战略都有可能导致竞争对手的模仿，如果在竞争对手还没有强大之前形成强有力的竞争优势和规模经济的话，那么他们也就不会在竞争之中处于一种有利的地位。从这种意义上说，只有企业家通过超前投资，具有置之死地而后生的精神，那么"烧不死的鸟才会是凤凰"，因此，成功的战略往往需要的是胆略，这种胆略就是"唯大赌者才能大赢"。这种胆略也是建立在科学的分析与论证之上的，既需要敏锐的观察，同时又需要前瞻性的判断。

胆量是一个人胆识、胆略的度量，体现了一种冒险精神。如果是一个商人的话，最好是做一名胆商。胆商高的人能够把握机会，该出手时就出手。不管是什么时代，没有敢于承担风险的胆略，任何时候都成不了气候。而但凡成功的商人和企业家，都是具有胆略和魄力的。

亿万富豪李晓华是第一个拥有法拉利跑车的中国人，因此闻名遐迩。李晓华精于在风险中操控机遇，在商界，他的胆略是有名的。20世纪90年代初，香港楼价下跌，不少人对前景感到迷茫，而李晓华却低价收购大量楼房，不少人都替他捏了一把汗。但半年之后，香港楼价一路攀升，李晓华瞄准时机，尽数抛出，买卖之间，跻身亿万富豪之列。当时李晓华把全部的资金投在这个房地产上，这需要何等的胆识。

不久之后，李晓华又出人意料地把自己的所有资产3800万美金，再次倾囊而出投标注入马来西亚的一条高速公路上。其理由是了解到马来西亚在高速公路的附近发现了一个油田，一旦公布它的蕴藏量，这条公路就会大大增值。但如果到期不公布它的蕴藏量，所抵押的全部资产和投入的现金就会全归银行，李晓华就会从亿万富豪变成一个穷光蛋。但是，李晓华凭借超凡的胆略和魄力，却赢得了这次"豪赌"。然而其中比较惊险的一点则是，在那个时候，如果消息晚公布14天，那么他将血本无归。

胆略出英雄。著名的哲学家萨特曾说："是懦夫使自己变成懦夫，是英雄把自己变成英雄。"而美国首位华裔部长赵小兰，她曾经在总结自己的成功经历时特地勉励同胞"立大志，敢冒险，不要用他人为我们设下的上限来局限自己"。

的确，成功总是属于那些具有巨大勇气和超人胆略的人们，只有心底无私、心存天下的人才有大智大勇，才能不汲汲于蝇头微利、蜗角虚名，不满足于现状，更不会被暂时的成就和现有的优势绊住前进的脚步，既要坦然地接受生活里的挑战，更需要勇于挑战新的高度，不懈地超越别人，超越自我，就这样永远充满创造的激情，以此来充分实现自身的价值，为社会作出非常大的贡献。

未来是需要拼搏的，不是来回避的

每个人对人生都有自己独特的诠释，是磨难，是挑战，是幸福……但有一点永远不会变：人生是成败交替的结合体，是得失兼容的五味瓶，想要真正读懂人生，必须先读懂失败、不幸、挫折和痛苦。

独步人生，我们会遇到种种困难，甚至会举步维艰、悲观失望。征途茫茫，有时看不到一丝星光；长路漫漫，有时走得并不潇洒、浪漫。这个时候，只有一颗勇敢无畏的心，才能面对生活，克服困难。

许多初涉职场的大学生内心充满无限憧憬和雄心壮志，感觉经济上可以独立了，终于可以摆脱对父母的依赖了，有话语权了，可以发挥自己的价值了……想象着未来的一片美好。工作不久，才发现现实跟自己想象的很不一样。正如大家常说的那样"理想很丰满，现实却很骨感"，甚至是现实很残酷。结果，自信心备受挫折和打击，总是觉得生活很憋屈，不能全心全意地投入工作。在生活中封闭自己，不愿意与外界多交流，总是幻想着自己哪天做了老板该多好，说什么就算什么……

其实这种想法是在逃避生活中的不如意，是一种懦弱的行为。任何一个人，都要经历走上社会、逐步成熟的过程。现实中各个方面、各个行业都存在着竞争。要学会勇敢，学会在勇敢中找到自我，这是我们立足于生活必须完成的一道人生功课。勇敢的人会提醒自己：年轻的时光就是用来积累知识和阅历的，既然在这个岗位上，就要珍惜这个学习机会，无论从哪个角度，都会学到在学校学不到的职场上的技能。

每个人的一生中都会遇到许多麻烦，在面对困难和挫折的时候，胆小懦弱的人往往没有坚强的意志去克服困难和挫折；勇敢坚强人则能够做到持之以恒，凭借自己坚强的意志战胜困难和挫折，从而取得成功。

勇敢是人类的美德，每个人都想获得而又并非都能够获得；懦弱是勇敢的镜子，它使勇敢显得更伟大，而自己却备受嘲笑和讥讽。

在勇敢者面前，一切困难都会迎刃而解；在懦弱者面前，哪怕只是一个小小的困难，也会筑起一座坚不可摧的堡垒。

懦弱者的生命也许会很长，可他的一生不过像天上划过的流星，寂寞无声；勇敢者的生命也许会很短，但他像春天里的一声雷，必将震撼整个大地，在人们的心中树起一座不朽的丰碑。

懦弱的人们只会想要去生活，但是从来就没有真正生活过；想要去爱，去获取一份温情，但却没有真正去爱过、争取过。因为懦弱者的心理都存在一种基本的恐惧，也就是未知的恐惧。因为他将自己永远保护在已知的安全地带，那是他们最熟悉的世界。

因此，对于世上的人们来说，勇敢的灵魂才可能拥有多姿多彩、充满激情的快乐和幸福。因为勇敢的人们懂得去面对现实、抗争现实、征服现实。

勇气也是一种美德。勇气是一种心灵的挑战，更是一种气质的特点，勇气是一座山，一座非常美丽的山。

但是，勇气一旦开始跨出自己已知的屏障之外的时候，那也是一种勇敢的冒险，是非常危险的一步。但如果敢于去冒那个别人不敢冒的险，生活就会愈加充实。因为，灵魂唯有在冒险中才会诞生出多彩的、丰富的人生。否则，人类将永远只是在维持一个空壳的肉体，在空虚中生存着。

从前有三个兄弟，他们很想知道自己未来的命运，于是一起去求教智者。听了他们的来意后，智者问道："据说在遥远的天竺国的大国寺里，有一颗价值连城的夜明珠，假如让你们去取，你们会怎么做呢？"

大哥说："我生性淡泊，在我眼里，夜明珠不过是一颗普通的珠子，我不会前往。"

二弟拍着胸脯说："不管有多大的艰难险阻，我一定会把夜明珠取回来。"

三弟则愁眉苦脸地说："去天竺路途遥远，险象环生，恐怕还没取到夜明珠，就没命了。"

听完他们的回答，智者微笑着说："你们的命运已经很清楚了。大哥生性淡泊，不求名利，将来自然难以荣华富贵，但在淡泊之中也会得到许多人的帮助与照顾；二弟性格坚定果断，意志刚强，不惧困难，可能会前途无量，也许会成大器；三弟性格优柔懦弱，凡事犹豫不决，命中注定难成大事。"

勇敢与懦弱都存在于这个世界，每个人都有不同的人生观，也就注定有不同的收获和结局。如果不能逃避生活的考验，就请做一个勇于面对生活和苦难的人吧！这样的人生才是值得回味的人生。

大作曲家贝多芬一生非常凄凉。小时候由于家庭贫困没能上学，17岁时患了伤寒和天花之后，肺病、关节炎、黄热病、结膜炎等病痛又接踵而至。26岁那年，他还不幸失去了听觉，在爱情上也屡遭挫折。

在这种境遇下，贝多芬发誓"要扼住生命的咽喉"，勇敢地与生命顽强拼搏，坦然面对现实生活中所有的坎坷，一步一步向前走。贝多芬的勇敢、努力、坚持并没有白费，最后终于由一个贫穷人家的孩子成为一代音乐神父，赢得全世界人们的赞赏！

生活是残酷的。勇敢锤炼我们直面人生的胆气。勇敢驱使着我们向困难迈出第一步的决心。它点燃我们的激情，激活我们奋进的元素。这宛如扬起的风帆，只有昂首站立在风口，才有前进的动力。

对那些勇敢的人来说，生活就是一场无休止的搏斗，而且往往是无荣誉无幸福而言的，是在孤独中默默进行的一场争取自我的搏斗。而一颗勇敢的心，犹如隆冬的梅花，越是严寒威逼，风骨越是挺立得高贵绚丽。

勇敢一点，你可以不懦弱

其实，每一个人，内心都有懦弱的一面，有胆怯的部分。也许那些表面勇敢的人，内心也会有脆弱的时候。关键是能否克服内心的软弱，表现出无畏而大胆的行动。

一场血腥的战争中，防守一方的士兵都躲在战壕中等待命令。这时，冲锋号吹响了，大家都知道要往外冲锋了，但是头顶上就是敌方射过来的密集子弹，这时倘若冲出战壕，后果可想而知，于是每个人的心里都惴惴不安。

但是一个士兵想到了自己作为一个战士的使命和职责，尽管心里非常害怕，但他还是毅然跳出战壕，冲了出去。另一个士兵也非常害怕，于是趴着没动——这就是勇士和懦夫的唯一区别。

只有经历过内心深处最本质的斗争和挣扎，才能真正领会勇敢和懦弱的区别；只有经历过内心深处最本质的斗争和挣扎，仍然能够挺身而出的人才是真正的勇者。

懦弱是一种畏怯软弱的性格表现，是人生的主要缺陷。懦弱的人性格内向，意志薄弱，自信心差，缺乏刚毅、勇敢的精神，在困难面前总是畏首畏尾，经不起挫折和打击。很多时候，懦弱和勇敢只是一念之差。如何克服懦弱心理，做一个勇敢者呢？

1.重塑性格

任何人都可以养成坚强的性格，不过软弱的人大多有内向的气质，养成外向型的坚强性格的确很困难。但是内向型的坚强性格却是可以锻炼出来的。内向型的坚强性格有三个特点：不锋芒毕露但有韧性，不热情奔放但有主见，不强词夺理但能坚持正确意见。

2.坚持自我

弗兰克林在1951年首先发现脱氧核糖核酸的螺旋结构，但因受到科学界"强人"的责难，竟然放下成果并承认这个发现是错误的，后来两位科学家在1953年重新发现这一结构，并因此而获得了诺贝尔奖。

由于不敢坚持自己，而将自己在生物学上划时代的发现拱手让人，是多么令人痛惜呀！战胜软弱的心理基础是自己看得起自己，敢于坚持自己，尤其是面对飞扬跋扈的所谓"强人"的时候。

3.克服恐惧

惧怕是担忧不利或危险的事情将要发生的一种不愉快、不舒服的情绪。有些害怕会使你对真正的危险产生警觉，但大多数与害怕有关的都是些凭空想象的危险。比如，"万一我未被人邀请共舞或被人忽视冷落"的担忧，会最终促使你放下参加学校的舞会。

所谓勇气，就是尽管你害怕，但还要迎头而上的能力。它能使你认识到"我将不会让自己想象的害怕阻碍我参与、竞争或尝试一种新经历"。当你采取行动，克服困难，或尽管害怕却能迎难而上时，你会觉得自己是个胜利者。

4.敢于反击

先是学会发怒。软弱的人多没有当众发脾气的体验，而习惯于沉默忍受。坚持自己，就要敢于适时发怒，可以逐渐学习。你可以选择经常粗暴对待顾客的售货员为对象，准备好"台词"："这样对待顾客，太不像话，岂有此理！"说罢，尽管扬长而去。

5.迎接挑战

懦弱者对于别人的误解与无端的责难总习惯妥协。战胜软弱就要学会直接反驳，不妥协。

要把自己遇到的问题当作对自己的挑战来处理。生活中每天都会遇到新的问题，忽视或拖延问题反而会使问题更难解决，直至你感到力不从心，被问题淹没。把每个问题当作对你个人的挑战去接近它、处理它，会使你更严于律己并趋向成熟。解决每一个问题，都会使你获得对生活的更多把握。

6.富于冒险精神

富于冒险精神是勇敢者的鲜明特点。软弱的人总是安于现状，墨守成规，碰到事情总要想前人怎么做、别人怎么做，很少想自己怎么做，然后"依葫芦画瓢"，丝毫没有创造性。

要想做一个勇敢的人，就必须富有冒险精神，勇于破除传统，敢于创新，做"第一个吃螃蟹"式的英雄。

7.行为武装

心理学也认为改善行为不端可以改善心理素质。你如果软弱，就从行为上来武装自己。一旦强化了自己的行为，就会感到自己突然变得坚强勇敢了。可以从以下几方面做起：

（1）遇见你有点害怕的人，不要绕道走，径直迎着对方过去。

（2）身体站直，挺起胸膛与对方讲话。

（3）讲话时盯住对方的眼睛，开始做不到，就先盯住他的鼻梁。

（4）声音洪亮，如果对方声音超过你，就突然把声音变轻。一般开口时声音洪亮，结束时也会强有力；相反，开始时声音匀弱，闭嘴时也就软弱。

（5）保持对话时的沉默间隔，不要急不可耐。

（6）不轻易用"对不起"之类的话。

（7）想方设法和比自己强的人交往，这样，你会学到知识，同时还可观察强者的弱点和缺点，从而增强信心。

（8）精通本职工作，有能力才会有信心，才能感到自己作为一个社会人的价值。

只有正确认识自己，不断充实与提高自己，明确自己存在的不足，以最大的决心和顽强的毅力去克服这些不足，才能提高自己并成为一个勇敢者。

三种方法让你不再畏惧困难

在面对各种挑战时，也许失败的原因不是因为势单力薄，不是因为智能低下，也不是没有把整个局势分析透彻，而是分析得太透彻、考虑得太详尽，才会被困难吓倒，举步维艰，倒是那些没把困难完全看清楚的人更能够勇往直前。

世上没有什么事能真正让人恐惧，恐惧只不过是人心中的一种无形障碍罢了。不少人碰到棘手的问题时，习惯设想出许多莫须有的困难，这自然就产生了恐惧感，遇事你只要大着胆子去干，就会发现事情并没有自己想象的那么可怕。

克服恐惧看起来非常困难，但改变却在一念之间。因此，想要祛除它必须在潜意识里彻底根除。当然，没有人能够完全摆脱怯懦和畏惧，最勇敢的人有时也不免有懦弱胆小、畏缩不前的心理状态。但如果怯懦成为一种习惯，就会使人过于谨慎、小心翼翼、多虑、犹豫不决，在心中还没有确定目标之时，心里就开始充满恐惧感，在稍有挫折时便退缩不前，因而影响自我设计目标的完成。

所以，我们必须摒弃害怕、畏惧的心理，端正心态，才会勇敢地面对困难，接受它的挑战。

1.有很多困难都是被放大的

有位推销员因为常被客户拒之门外，慢慢患上了"敲门恐惧症"。他去请教一位大师，大师弄清他的恐惧原因后便说："假如你现在站在即将拜访的客户门外，然后我向你提几个问题。"推销员说："请大师问吧！"大师问："你现在位于何处？"推销员说："我正站在客户家门外。"大师问："那么，你想到哪里去呢？"推销员回答："我想进入客户的家中。"大师问："当你进入客户的家之后，你想想，最坏的情况会是怎样的？"推销员回答："大概是被客户赶出来。"大师问："被赶出来后，你又会站在哪里呢？"推销员回答："就——还是站在客户家的门外啊！"大师说："很好，那不就是你此刻所站的位置吗？最坏的结果不过是回到原处，又有什么好恐惧的呢？"

推销员听了大师的话，惊喜地发现，原来敲门根本不像他所想象得那么可怕。从这以后，当他来到客户门口时，再也不害怕了。他对自己说："让我再试试。说不定就能获得成功，即使不成功也不要紧，我还能从中获得一次宝贵的经验。最坏最坏的结果就是回到原处，对我没有任何损失。"这位推销员终于战胜了"敲门恐惧症"。由于克服了恐惧，他当年的推销成绩十分突出，被评为全行业的"优秀推销员"。

很多困难都是经过我们的想象被放大，等战胜它之后，才发现所谓的困难也不过如此。所以，面对难题，不如从心理上缩小它的难度，解决起来也许会易如反掌。

2.别把困难看得太清楚

弗洛姆是美国的一位著名的心理学家。一天，几个学生向他请教："心态对一个人会产生什么样的影响？"

　　他微微一笑，什么也不说，就把他们带到一间黑暗的房子里。在他的引导下，学生们很快就穿过了这间伸手不见五指的神秘房间。接着弗洛姆打开房间里一盏灯，在这昏黄如烛的灯光下，学生们才看清楚房间的布置，不禁吓出了一身冷汗。原来，这间房子的地面就是一个很深很大的水池，池子里蠕动着各种毒蛇，包括一条大蟒蛇和三条眼镜蛇，有好几只毒蛇正高高地昂着头，朝他们"滋滋"地吐着信子。就在蛇池的上方，搭着一座很窄的木桥，他们刚才就是从这座木桥上走过来的。

　　弗洛姆看着他们，问："现在，你们还愿意再次走过这座桥吗？"大家你看看我，我看看你，都不作声。

　　过了片刻，终于有三位学生犹犹豫豫地站了出来。其中一个学生一上桥，就异常小心地挪动着双脚，速度比第一次慢了好多倍；另一个学生战战兢兢地踩在小木桥上，身子不由自主地颤抖着，才走到一半，就挺不住了；第三个学生干脆弯下身来，慢慢地趴在小桥上爬了过去。

　　"啪"！弗洛姆又打开了房内另外几盏灯，强烈的灯光一下子把整个房间照耀得如同白昼。学生们揉揉眼睛再仔细看，才发现在小木桥的下方装着一道安全网，只是因为网线的颜色暗淡，他们刚才没有看出来。弗洛姆大声地问："你们当中还有谁愿意现在就通过这座小桥呢？"

　　学生们没有作声。"你们为什么不愿意呢？"弗洛姆问道。"这张安全网的质量可靠吗？"学生心有余悸地反问。

　　弗洛姆笑了："我可以解答你们的疑问了，这座桥本来不难走，可是桥下的毒蛇对你们造成了心理威慑，于是，你们就失去了平静的心态，乱了方寸，慌了手脚，表现出各种程度的胆怯——心态对行为当然是有影响的。"

　　在解决问题之前，把能想到的困难都列出来，反而不利于我们顺利进行。不去想困难有多么大、多么多，不必把困难分析得太清楚，就会让我们的内心少一些压力，多一些积极性和动力。

3.逃避困难不如正视困难

丽丽与朋友一起去澳洲一个豪华娱乐场所消遣，朋友中有几个喜欢游泳的，他们在阳光下嬉戏。朋友们叫丽丽一起下水玩耍，她说："我不太舒服，你们玩吧！"几个知心朋友知道她一向怕水，她并非是不舒服，而是不敢下水。朋友们笑着怂恿她："下来吧，不要怕，有我们在啊，难道就因为怕水，你就永远不去游泳吗？"

阳光洒在他们光亮的肌肤上，大家像海豚一样快乐、自在地嬉戏着。而丽丽其实并不想躲在阴暗处看他们快乐地玩闹，可是她觉得自己太胆小。

过了一段时间后，朋友邀丽丽一起去了一个温泉度假中心，在朋友的鼓励下，她鼓足勇气下了水。丽丽发现自己并没有想象中那么无能，以前她根本不敢游到水深的地方，可是朋友对她说："试试看会不会沉到水底下去。"

丽丽以为自己的耳朵出了问题，便问："你说什么？那肯定是要沉下去啊！"可是朋友坚决而自信的目光告诉丽丽并没有开玩笑，鼓励她试着按照朋友说的去做。由于朋友是个游泳高手，所以丽丽还是按照朋友说的去做了。朋友说的没错。人在意识清醒的状态下，根本沉不下去，就连摸到池底也是不可能办到的事情。丽丽看着朋友，开心地笑了。

朋友赞赏地拍拍她的肩膀说："看，你根本淹不死，也沉不下去，为什么要害怕呢？"

这一次游玩给丽丽上了重要的一课，她若有所悟。从那天起，她不再怕水，虽然自己不算是游泳健将，但游个四五百米还是没有问题的。

很多时候，我们都有一种惯性心理：一遇到困难就想躲，千方百计地绕着困难却不会想方设法克服困难。其实，有的困难并非像我们想的那么难，敢于直面正视困难，才知道自己的能力是完全可以战胜它的。

第七章　忽略虚荣，面对现实过日子

生活中总有一些爱慕虚荣的人。他们总是羡慕别人所拥有的一切，总是不顾自己的能力就去追求物欲，为了面子而给自己找罪受。兜里明明没有几个钱了，却仍要请朋友进高档饭馆好好吃一顿；对方明明比自己富裕很多，自己却总是抢着埋单；与人谈天，总要有意无意地与别人说一些自己吃过的大餐和去过的高级场所。这样活着多累啊，不要这份虚荣，面对现实好好过自己的日子吧！

攀比心理要不得

某机关有一位小公务员，过着安分守己的平静生活。有一天，他接到一位高中同学的聚会电话。十多年未见，小公务员带着重逢的喜悦前往赴会。昔日的老同学经商有道，住着豪宅，开着名车，一副成功者的派头，让这位公务员羡慕不已。自从那次聚会之后，这位公务员重返机关上班，好像变了一个人似的，整天唉声叹气，逢人便诉说心中的烦恼。

"这小子，考试老不及格，凭什么有那么多钱？"他说。

"我们的薪水虽然无法和富豪相比，但不也够花了嘛！"他的同事安慰说。

"够花？我的薪水攒一辈子也买不起一辆奔驰车。"公务员懊丧地跳了起来。

"我们是坐办公室的，有钱我也犯不着买车。"他的同事看得很开。但这位小公务员却终日郁郁寡欢，后来得了重病，卧床不起。

有一项调查表明，95% 的都市人都有或多或少的自卑感。在人的一生中，几乎所有的人都会有怀疑自己的时候，感到自己的境况不如别人。

这是为什么呢？潜藏在人心中的好胜心理、攀比心理是这一问题的根源。我们总把他人当作超越的对象，总希望过得比别人好，总拿别人当参照物，似乎没有别人便感觉不到自身存在的价值。于是，工作上要和同事比：比工资、比资格、比权力；生活上要和邻居比：比住房、比穿着、比老婆，就连孩子也不放过，成了比的牺牲品。既然是比，自然要比出个高下，比别人强者，趾高气扬；不如别人者便想着法子超过他，实在超不过便拉别人后腿，连后腿也拉不住者便要承受自卑心理的煎熬。

如果我们能保持一种积极的态度去和别人比较，不如别人时便积极进取，争取更上一层楼；比别人强时便谦虚谨慎，乐观待人，岂不更好？

在一家公司当干事的老王，就是因为自己被少评一级职称，少长两级工资，便耿耿于怀，终日喋喋不休，有时甚至出口大骂，已发展到精神失常的状态。朋友劝其想开些，他根本听不进去，不久便得绝症去世了。细想起来，实在不值得。如果早早地自我调节，看到人家事业有成时，如果自己从中看到努力的方向，脚踏实地，好好工作，也许下一次涨工资的就是自己了，总之，如果能及时调整心态，结局就不会如此了。

所以，人比人是不是能气死人，就看我们怎么比，看我们能否调正自己的心态。

事实上，天外有天，人外有人，我们不可能在任何方面都比别人强，胜过别人。太要强的人，一味和比自己强的人比，结果由于心灵的弦绷得太紧了，损耗精神，很难有大的作为。

雨果在《悲惨世界》中说："全人类的充沛精力要是都集中在一个人的头颅里，全世界要是都萃集于一个人的脑子里，那种状况，如果延续下去，就会是文明的末日。"俗话说：闻道有先后，术业有专攻。每一个人都有自己的特长，也都有自己的短处，一个人只要在自己从事的专业领域中有所成就便不虚此生。千万不要因看到别人的一点长处就失去心理平衡。每一个人把自己该做的做好是最重要的，最好不要与别人比高低。每一个人在这个世界上都具有独一无二的价值，就像人的手指，有大有小，有长有短，它们各有各的用处，各有各的美丽，我们能说大拇指就比小拇指重要吗？

一味和别人比是件不聪明的事，因为即便胜过别人，又会有"枪打出头鸟，出头的椽子先烂"的危险。古人云："步步占先者，必有人以挤之；事事争胜者，必有人以挫之。"生活中也确实是这样，如果一个人太冒尖，在各方面胜过别人，就容易遭到他人的嫉妒和攻击；而与世无争者反而不会树敌，容易遭人同情，所以说"人胜我无害，我胜人非福"。

其实，最好的处世哲学还是不与人比，做好自己的事。每个人都有自己的生活方式，有自己存在的价值和理由，干吗要和别人比呢？如果心里难受，实在要比的话，倒不如把自己当作竞争对手，和自己的昨天比，这样既不会沾惹是非恩怨，自己还能更上一层楼，岂非自求多福？

不要过分地和别人攀比，别人有别人的生活，我们有我们的目标，幸福的形式是多样的，鞋子合不合脚，只有穿鞋的人知道，别人都是毫不知情的旁观者而已。同样的道理，别人的痛苦我们感受不到，我们看到的别人所谓的幸福极可能只是一种假想。一个住别墅的商人可能欠债百万，一个开奔驰跑车的企业家可能已经濒临破产，一对手挽手走进饭店的夫妻可能刚刚协议离婚……所以不要把自己的幸福定位在别人身上，实实在在地过自己的日子吧！

不比较，学会知足

这世间，有的人家财万贯、锦衣玉食；有的人仓无余粮、柜无盈币；有的人权倾一时、呼风唤雨；有的人抬轿推车、谨言慎行；有的人豪宅香车、娇妻美姜；有的人丑妻、薄地、破棉衣……一样的生命，不一样的生活，常让我们心中生出许多感慨。

看到人家结婚，车如龙，花似海，浩浩荡荡，既体面，又气派。想想当年的自己，几斤水果，几斤糖，糊里糊涂地就和自己的男人圆了房，心里就屈。

看到人家朝有提拔，暮有进步，今日酒吧，明日茶楼，而自己却是总窝在家里，像只冬眠的熊，心里就酸。

看到人家逢年过节，送礼者踏破门槛、挤裂墙，而自家却是"西线无战事""顿河静悄悄"，心里就妒。

看到人家儿成龙、女成凤，而自家小子又倔又犟没出息，心里就怨……

看看别人，比比自己，生活往往就在这比来比去中，比出了怨恨，比出了愁闷，比掉了自己本应有的一份好心情。

凡事总是与别人比较，或许是人的一种天性。看到人家好，人家强，凡夫俗子，哪个不心动？就算是佛界法师，也要三声"阿弥陀佛"，才能镇住自己的欲望和邪念。生活的差别无处不在，而攀比之心又难以克制，这往往给人生的快乐打了不少折扣。但是，假如我们能换一种思维模式，别专拣自己的弱项、劣势去比人家的强项、优势，那样我们就活得轻松了许多。要把眼光放低一点，学会俯视，多往下比一比，生活想必会多一份快乐，多一份满足。正如一首诗中所写："他人骑大马，我独跨驴子，回顾担柴汉，心头轻些儿。"再说骑大马的感觉也并不一定就是我们想象得那么好，也许跨着驴子，优哉游哉，尚能领略一路风光，更感悠闲、自在。

　　理性地分析生活，我们也会发现：其实，终其一生，生活对每一个人都是公平、公正的，没有偏袒。人生是一个短暂而漫长的过程，在这个过程中每个人所拥有和承受的喜怒哀乐、爱恨情仇都是一样的、相等的。这既是自然赋予生命的权利，也是生活赋予人生的权利，只不过我们享用、消受的方式不同而已。这不同的方式便演绎出不同的人生。于是，有的人先苦后甜；有的人先甜后苦；有的人大喜大悲、有起有落；有的人安顺平和、无惊无险；有的人家庭不和，但官运亨通；有的人夫妻恩爱，却事业受挫；有的人财路兴旺，但人气不盛；有的人俊美娇艳，却才疏德亏；有的人智慧超群，可相貌不恭……正如古人所说："佳人而美姿容，才子而工著作，断不能永年者。"人间没有永远的赢家，也没有永远的输家，这一如自然界中，长青之树无花，艳丽之花无果；雪输梅香，梅输雪白。

　　有一妇人，年轻的时候貌美如花，贤惠能干，可嫁人十年，就死了三个丈夫，当年一双水灵灵的眼睛硬是被泪水泡得混浊痴呆。当她的第三个丈夫撒手而去的时候，她发誓不再嫁人。于是，她拉扯着儿女守寡至今。现在已经 60 多岁了。几十年来，村子里的人压根儿就没见她笑过，大家同情她、可怜她，说她命真苦。可就是这么一个命苦的人，养的一儿一女却格外争气，双双考取了名牌大学，并都在京城成家立业。两兄妹亲自开着轿车回来，把母亲接到北京。那会儿，老人僵硬的苦脸终于露出了欣慰的笑容，乡亲们也第一次向老人投去羡慕的眼光，大家都感慨地说，真是苦尽甘来。是啊，也许这就是生活，有苦有甜，有悲有喜，有山穷水尽之时，也有峰回路转之日。

　　有些人羡慕那些明星、名人，认为他们日日沉浸在鲜花和掌声中，名利双收，世间苦痛都与他们无缘。其实名导谢晋的儿子是弱智；美国总统里根曾几度风光，晚年却备受老年痴呆症的折磨。

　　俗话说：人生失意无南北。的确，宫殿里有悲哭，茅屋里有笑声。只是，在平时生活中，无论是别人展示的，还是我们所关注的，总是其风光、得意的一面，这就像女人的脸，出门的时候个个都描眉画眼、涂脂抹粉、光艳靓丽，这全都是给别人看的；回到家后，一个个都素面朝天。这就难怪男人们感叹：老婆还是别人的好。于是，站在城里，向往城外，而一旦走出围城，才发现生活其实都是一样的。

幸福的人不会为了幸福去追求那些他们没有的东西。恰恰相反，我们应该学着从自己的拥有中获得幸福，学会满足的艺术，满足于自己所拥有的，我们就能变得快乐。

羡慕别人，不如珍惜拥有的

羡慕是一种非常令人不快的情感。当我们完全被羡慕的情感所淹没，心中感到刺痛时，感觉非常不好，感觉自己处于绝对的"劣势"，并且觉得与别人相比，我们受到了极不公平的待遇，而且连任何改变这种状况的可能性都不存在。

这种感觉伤害了自我价值感，不论承认与否。我们的自我价值感失去了平衡，必须重新进行调整。这种伤害使我们生气、恼怒，并产生破坏性。

羡慕总是这样一种形象：阴沉着脸，生活没有阳光，没有温暖和感动，时刻为焦虑所煎熬，想要把他人的东西或者有利条件据为己有。天长日久，生活在羡慕之中的人容易滋生嫉妒。

嫉妒是痛苦的最大制造者，更是心灵上的一颗毒瘤。尤其对女人来说，嫉妒就如同是一条毒蛇，一旦被缠上，那么生活中就会出现太多的不平和抱怨，甚至是愤恨。

上帝是不公平的，于是便有了贫穷与富贵、善良与邪恶、美丽与丑陋、成功与失败、幸福与不幸。上帝又是公平的，它给了你金钱，往往就要夺走你的真诚与善良；它给了你成熟，往往就要夺走你的年轻和纯真；它给了你美貌，往往就要夺走你的智慧和毅力；它给了你成功，往往就要夺走你的健康和幸福……其实，羡慕别人所得到的，不如珍惜自己所拥有的。

莎士比亚曾经说过："像空气一样轻的小事，对于一个嫉妒的人，也会变成天书一样坚强的确证，也许这就可能引起一场是非。"如果发现自己身上开始有了羡慕甚至是嫉妒的苗头，不妨用用下面的处方。

处方1：树立正确的价值观

我们所谓的成功并不是和别人进行攀比，成功有好多种：改善生活、体现自身价值、为他人作贡献等。因此，当发现别人在某一方面超过你的时候，你一定要告诉自己，自己肯定也有某一方面是超过他的。这表面上看是在安慰自己，可实际上是让自己树立一种正确的价值观，有了正确的价值观就能在别人有成绩时肯定别人的成绩，并且虚心地向对方学习。

处方2：树立健康的竞争心理

如今的竞争无处不在，有人成功，有人失败。当看到别人在某些方面超过自己的时候，不要盯着别人的成绩怨恨，更不要企图把别人拉下马。如果你这样做了，就表明你的心理是不健康的。

在自己不如别人的时候，你可以往后看看，后面还有很多不如你的，这样心理上就会平衡一点儿。当然，这种方法并不是很好，对自己的成功没有什么好处。最好就是采取正当的策略和手段，在"干"字上狠下功夫，努力努力再努力，直到你成功的那一天。

处方3：提高心理健康水平

一个心理健康的人总是会胸怀宽阔，做人做事光明磊落，即便看到别人在某些方面超过自己，也不会眼红，只会衷心地表示祝贺；而心胸狭窄的人则恰恰相反，表面上是祝贺，而实际上是嫉妒，恨不得把对方的成绩毁得一干二净。

一条河隔开了两岸，此岸住着凡夫俗子，彼岸住着出家的僧人。凡夫俗子们看到僧人们每天无忧无虑，只是诵经撞钟，十分羡慕他们；僧人们看到凡夫俗子每天日出而作、日落而息，也十分向往那样的生活。日子久了，他们都各自在心中渴望着到对岸去。

终于有一天，凡夫俗子们和僧人们达成了协议。于是，凡夫俗子们过起了僧人的生活，僧人们过上了凡夫俗子的日子。

没过多久，成了僧人的凡夫俗子们就发现，原来僧人的日子并不好过。悠闲自在的日子只会让他们感到无所适从，便又怀念起以前当凡夫俗子的生活来。

成了凡夫俗子的僧人们也体会到，他们根本无法忍受世间的种种烦恼、辛劳、困惑，于是也想起做和尚的种种好处。

又过了一段日子，凡夫俗子和僧人们各自心中又开始渴望着到对岸去。

在一个地方待久了，便想去一个新的地方，生命大抵如此。正是因为太熟悉了，也便忽略了它的美。当我们到了对岸，才知道原来我们待着的地方也是那样美丽。

总是在羡慕别人，这大概是人们的一种共性，只是程度不同罢了。小孩子仰慕大人的成熟稳重，大人也会顾念小孩子的清纯率直；女孩子向往男孩子的坚强豪放，男孩子也会偷偷艳羡女孩子的娇嗔灵动；普通人往往钦慕名人的卓越尊显，名人又何尝不垂涎普通人的平凡自适。

可以说，羡慕往往都是相互的，孩子往往羡慕大人，大人也往往羡慕孩子。普通人往往羡慕名人，名人也往往羡慕普通人。试想我们在羡慕别人的时候，自己也是别人眼中的风景。

不要只知道羡慕别人的成功，你要学着欣赏自己。当然，这同时也意味着任何时候都不要炫耀自己，任何时候都不要贬低别人。与其羡慕他人，不如多欣赏自己吧！

第八章　忽略安逸，
年轻需要激情拼搏

　　寒号鸟因为贪图一时的安逸而在冬雪中死亡；章鱼因贪图安逸而在渔民所放的易拉罐里被捉；蝗虫因为享受一时的舒适而于冰封中销声匿迹；温水中的青蛙在因为没有意识到环境的改变而最终被烫死。这一切都在告诉我们：不要贪图安逸。安逸是生命的麻醉剂，让你在不知不觉中毁掉自己；安逸是漂亮的罂粟花，让你在无声无息中毁灭灵魂。在人生道路上，我们不断披荆斩棘，获得成功，必须做到不贪图安逸。

勤勉劳动，贪图安逸不可取

　　世界上到处是一些看来似乎就要成功的人——在许多人的眼里，他们能够并且应该成为这样或那样非凡的人物，但是，他们并没有成为真正的英雄。原因何在呢？

　　原因在丁他们没有付出与成功相应的代价。他们希望到达辉煌的巅峰，但不希望越过那些艰难的梯级；他们渴望赢得胜利，但不希望参加战斗；他们希望一切都一帆风顺，而不愿意遭遇任何阻力。总之，他们太贪图安逸了。

古罗马人有两座圣殿：一座是勤奋的圣殿，一座是荣誉的圣殿。他们在安排座位时有一个顺序，即必须经过前者的座位，才能达到后者——勤奋是通往荣誉圣殿的必经之路。

由此，我们不难看出，勤奋是一所成功之人必须进入学习的高贵的学校。假如你是一个勤奋、肯干、刻苦的员工，就能像蜜蜂一样，采的花越多，酿的蜜也越多，你享受到的甜蜜也就越多。

许多伟大业绩都是一些很平凡的人经过自己的不懈努力而取得的。周而复始的日常生活，尽管有种种牵累、困境和应尽的职责、义务，但它仍能使人们获得种种最美好的人生经验。对那些执着地开辟新路的人而言，生活总会给他提供足够的努力机会和不断进步的空间。那些最能持之以恒、忘我工作的人往往是最成功的。

靠个人的勤奋获取成功，从而实现梦想的范例不计其数，他们当中有美国政治家林肯和布拉雷德、企业家卡内基和比尔·盖茨等。在20世纪80年代，人们谈论更多的是具有传奇经历的汽车巨子——亚科卡。

亚科卡是一位意大利移民的儿子，由于学习勤奋，大学毕业后进入福特汽车公司任职，而后他历经坎坷坐上了福特汽车公司的第二把交椅。正当他踌躇满志地为福特汽车公司进行苦心经营时，由于功高盖主，于1978年被一脚从高空中踢下深谷，成了当时美国最著名的失业者。然而最难能可贵的是，亚科卡没有在受到沉重打击后一蹶不振，而是重振精神，不屈不挠，为实现自己的理想坚忍不拔。同年11月，亚科卡出任濒临倒闭的美国克莱斯勒汽车公司总经理，不久又升任董事长。亚科卡上任后，对克莱斯勒汽车公司进行了全面的整顿，再加上他勤奋努力、苦心经营，1980年公司便扭亏为盈，1983年赢利9亿美元。1984年赢利24亿美元。亚科卡在民意测验中当选"美国最佳企业主管"，成为美国人心目中的英雄。他用自己创造的奇迹谱写了一曲美国人所崇拜的典型的平民英雄的赞歌。

　　亚科卡从小就酷爱汽车并最终成为汽车王国里的佼佼者，这与他的父亲有一定联系。当亚科卡刚满 16 岁的时候，他的父亲就允许他独自驾驶汽车，从此，他便对汽车产生了浓厚的兴趣。1924 年 10 月 15 日，李·亚科卡出生在美国宾夕法尼亚州艾伦顿市。这个意大利移民的后代，上小学时曾受到同学们的歧视，但他在思想上却继承了父母亲不屈不挠的民族传统。李·亚科卡的父亲尼古拉·亚科卡于 1890 年出生于意大利那不勒斯附近的一个小村庄，12 岁时随家迁居美国。当尼古拉乘坐的轮船驶进纽约港时，他看到了巍然屹立的自由女神像，心中顿时充满了希望。他坚信在美国这个自由的国度里，只要你尽心尽力，就会如愿以偿。尼古拉虽然只受过初等教育，但乐观豁达，是个精明的生意人。到美国不久，就以一家热狗小店起家，随后不断扩大经营，逐渐成为较富有的人。然而，1929 年的经济大萧条使尼古拉在一夜之间几乎失去了所有的财富，差一点儿连住的房子也丢掉了。在家境不好的时候，尼古拉也总是精神振作。当他的儿子小亚科卡感到前途渺茫时，他说："耐心点儿，孩子，太阳总要出来的。"李·亚科卡身上那种坚忍不拔、不畏艰难的性格同其父亲的教诲是分不开的。

　　尼古拉对儿子寄予厚望，在学习上要求很严，他希望小亚科卡在学校里弄清他所弄不懂的经济现象。李·亚科卡学习很刻苦，成绩一直名列前茅。在上中学时，他的各科成绩平均达 95 分，数学全是优等。亚科卡时刻鞭策自己，做任何事情都要干得最出色。在亚科卡的一生中，始终不渝地追求一个目标——争当第一号人物。他的一位同学回忆起往事时说："他追求完美无缺，总是当第一名。"学生时代的亚科卡不仅学业突出，而且兴趣广泛，对音乐舞蹈、文学、体育都有狂热的爱好。即使玩扑克，他也会从中学到如何利用有利的条件。1942 年，正值第二次世界大战，许多同学都应召入伍，亚科卡却因患病未能通过身体检查。免服兵役使亚科卡感到很"丢脸"，觉得比别人矮了一头，于是他拼命地学习。这一年他进入有名的利海大学，在那里学习了工业工程学和商业课程，还学习了心理学和变态心理学，这些知识在他日后的事业中发挥了巨大的作用。在大学期间，他几乎没有玩的时间，仅用三年的时间就学完了四年的课程。他精力充沛，全神贯注，制订了严密的学习计划，合理地利用每一分钟，连学校的酒馆都没去过。

大学毕业时，亚科卡大约有 20 个可供挑选的工作机会，但他还是选择了福特汽车公司。福特汽车公司的招考办法是从 50 所大学中各选一名学生。亚科卡认为这种做法并不高明，如果牛顿和爱因斯坦是大学同学，舍弃哪一个不都是莫大的损失吗？好在亚科卡在利海大学的考试中脱颖而出，被福特汽车公司选中了。从此，亚科卡与汽车事业结下了不解之缘。

其实，在这个世界上，要想成功出人头地，没有辛勤的劳动是不行的。如果你只想一辈子贪图安逸、贪图享乐，那么你也不可能做出任何成绩，成功更无从谈起。

想成功，就要比别人更努力

如果有人问世界豪富保罗·盖蒂成功是什么，他会说："比别人更努力。"

如果有人问沃尔玛百货公司的董事长山姆·沃尔顿成功是什么，他会说："比别人更努力。"

如果有人问微软公司总裁比尔·盖茨成功是什么，他会说："比别人更努力，然后找一群努力的人一起来工作。"

如果有人问每个成功人士成功是什么，他们都会说："比别人更努力。"

努力是成功的捷径，而且是成功必须付出的代价。要想比别人优秀，就要比别人更努力。

每一个成功者都是非常努力的，成功者有成功的方法，可是成功者一定是努力的。

一个伟大的艺术家要成就一件传世之作，不知道要吃多少苦头，要经历过多少年的磨炼；一个作家要成就一部优秀的作品，不经过几番痛苦的思考是写不出来的；一支部队要赢得一场战役的胜利，就必须做出巨大的牺牲。这些画家、作家和战士，都是用艰苦的努力和辛勤的汗水铸就荣誉的桂冠。

奈迪·考麦奈西是第一个在奥林匹克体操比赛中获得满分的运动员。他说："我常对自己说我一定能做得更好。要成为奥林匹克冠军，你就得有不凡的地方，要比别人更吃得了苦。我不要过普通而平庸的生活，所以给自己确立的生活准则是：不要想过简单容易的生活，而要追求做一个坚强有实力的人。"

真正的冠军都明白，不论有多么充分的借口，任何失败都是自己懒惰的后果。

当一个人觉得不满意、不舒服和受折磨的时候，他才会得到最好的磨炼。另一位金牌选手彼特·维德玛这样说："每天，我都会把准备在体育馆里完成的项目列出清单，不管要花多少时间，没有把这些项目完成，我绝对不会离开。我每天的生活目标就是这样，只要走出体育馆，我都可以说今天已经尽力了。"

人才是磨炼出来的，人的生命具有无限的韧性和耐力，只要你始终如一、脚踏实地地做下去，无论在怎样的处境都不放松自我，不自暴自弃，你便可以创造出令自己和他人都震惊的成就。

"跬步不休，跛鳖千里"，跛脚的鳖也能走到千里之外，因它总是不懈地向前走；"佛许众生愿，心坚石也穿"，态度坚决可以穿透顽石，足见心力的神奇。

成功的人永远比一般人做得更多，当一般人放下的时候，他们总是在寻找如何自我改进的方法，他们总是希望更有活力，产生更大的行动力。有的人每天吃过量的饭，睡过头的觉，不运动，不学习，不成长，每天都在抱怨。这又哪儿来的行动力？记住，成功永远不在于一个人知道了多少，而在于采取了什么行动、做了什么。

所有的知识必须化为行动，因为只有行动才有力量。

我们是凡人，生命不是无限的，不可能放下自己的一切去听从别人的想法，由他操纵我们的一生。否则，到一定的时候，我们就会悔恨自己，也埋怨他人。与其如此，不如从现在开始就学会去计划自己的生活。还等什么呢？

成功是默默无闻努力的积累

有头小猪向神请求做他的门徒，神欣然答应。这时刚好有一头小牛由泥沼中爬出来，浑身都是泥。神对小猪说："去帮它洗洗身子吧！"小猪诧异道："我是神的门徒，怎么能去伺候那脏兮兮的小牛呢？"神说："你不去伺候别人，别人怎会知道你是我的门徒呢？"

这个寓言故事说明：要变成神很简单，只要真心付出就可以了。

做事又何尝不是如此？没有真心实意的付出，没有辛苦的耕耘，业绩总不会自己跑出来。所以，我们在做事时不要避重就轻，逃避自己的职责。

有一户人家养了两头驴子，这户人家经常要运东西。有一次，这两头驴子各拉一辆大车去另一座城市。在拉车的途中，前面的那头驴子走得很好。而后面的那一头却常常停下来。于是主人就把后面一辆车上的货挪到前面一辆车上去。等到后面那辆车上的东西都搬完了，后面那头驴子便轻快地前进，并且对前面那头驴子说："你辛苦吧，流汗吧，你越是努力干，人家越是要折磨你。真是一个傻子。"前面那头驴子也不理会它，只顾自己好好地拉车。等把货物运到以后，主人心想："既然有一头驴子不能拉货物，那我养着它干吗？不如好好地喂养另一头，把这头驴子宰掉，总还能拿到一张皮吧。"于是，他便这么做了。

我们在工作时所具有的精神，不但对于工作的效率有很大影响，而且对于我们本人的品格也有重要的影响。工作就是一个人人格的表现，你的工作就是你的志趣、理想，只要看到了一个人在工作时的精神状态，也就知道了他在其他方面的精神状态。因此，在任何情形之下，你都不能对工作产生厌恶感。假使你为环境所迫，而只能做些乏味的工作，那你也应该努力设法从这些乏味的工作中找出一些兴趣和意义来。要知道，凡是应当做而又必须做的工作，总不可能是完全没有意义的，问题全在于你对待工作的精神状态如何。良好的精神状态会使任何工作都成为有意义、有兴趣的工作。因此，我们应该在心中立下这样的信念和决心：从事一项工作，必须不顾一切，尽最大的努力。如果你对工作不忠实、不尽力，那将贬损自己、糟蹋自己。老板不在身边却更加卖力工作的人，将会获得更多奖赏。如果只有在别人注意时才有好的表现，那么你永远无法达到成功的顶峰。如果你对自己的期望比老板对你的期望更高，那么你就无须担心会失去工作。同样，如果你能达到自己的最高标准，那么升迁晋级也将指日可待。

我们经常发现，那些被认为一夜成名的人，其实在功成名就之前，早已默默无闻地努力了很长的一段时间。成功是一种努力的累积，不论任何行业。想攀上顶端，通常都需要漫长的时间去努力和精心地规划。那些成就大业的人和凡事得过且过的人之间最根本的区别在于前者懂得为自己的行为负责，懂得真心实意地付出自己的努力。没有人能促使你成功，也没有人能阻挠你达成自己的目标。如果你的心中也有一头偷懒的驴子，那么赶紧将其赶走吧，小心它会将你拉进失败的陷阱。

生于忧患，死于安乐

所谓生于忧患，死于安乐，往往在安逸之中潜伏着危机，在困境之中孕育着机遇。

多少人，在艰难困苦中成长坚韧起来，却在安逸享受中自取灭亡，历史上无数事例也证明了这一点。

蜀国君主刘禅贪图安逸，不思进取，最后被魏国所灭，居然还乐不思蜀！

在刘禅投降后，司马昭设宴款待，以魏国的音乐舞蹈为他助兴，当时蜀国旧臣皆为伤感，而刘禅却麻木不仁，非常高兴。于是司马昭对贾充说："人之常情，乃至于此！虽诸葛孔明在，亦不能辅之久全，何况姜维乎？"乃问后主："你思蜀吗？"刘禅回答："这地方很快乐，我不思蜀。"于是便留下了这个贻笑后人的"乐不思蜀"典故。

李自成攻占北京后，抢夺珠宝，瓜分民财，蓄养美女，沉迷声色，终日以饮酒为乐，贪图安逸。当然，这样的日子没几日。吴三桂很快引入清军山海关，并进军北京，迫使大顺军撤出北京，由山西退入陕西，又由陕西转至襄阳，直退到武昌、蒲圻、通城，李自成在通山县九宫山查看地形时遭受地主武装的突然袭击毙命，年仅 39 岁。

温室中的弱苗总是那么容易枯萎，而在狂风暴雨中依然挺立不倒的野草的生命力总是那么顽强。一些从小就有着富贵命的少爷，长大以后如果失去了曾经的富贵生活，很容易失去自我。这也就是说，很多人在享受衣来伸手、饭来张口般的锦衣玉食的生活时是不快乐的。对于他们来说，烦恼更多，忧愁更多，活得很不幸福。

英国有一位男子买彩票中了 900 万英镑，一下子天降财富，让这个人失去了人生目标。在经历了几年花天酒地的生活之后，他不幸染上了酗酒的恶习，而他的妻子也在他中了彩票后和他离了婚，儿子也跟着妻子走了。在他清醒后非常痛恨自己一下子拥有的这份巨额财产，因为他从此之后将找不到幸福，找不到欢乐，找不到人生的意义，终于因再次酗酒诱发心脏病而导致死亡。

是的，从这个有钱人的经历来看，有这么多的财产，应该是过着无忧无虑的生活了，应该是很幸福、很享受了，但是结果呢，正因为钱太多，他最后是妻离子散、身无分文，还因为酗酒而送了命。

现代人大多都是独生子女，生活条件很好，这些孩子们非但没有幸福感，反而内心十分空虚，甚至做出常人难以理解的举动。

曾看到过这样一个报道，有个富家公子到喧闹的大街上跪下乞讨；还有一个富家公子就是因为觉得生活太无聊，竟然持刀去抢劫路人。

这两个人都是生活得很安逸的那种，饭来张口，衣来伸手，口袋里从不缺钱，他们只有这样才能觉得生活有意思，过得刺激，才能体会到生活的乐趣。

俗话说得好，"宝剑锋从磨砺出，梅花香自苦寒来"。一切有成就的事物，它们之所以会成功，是因为它们都经历了一段"忧患"的生活，如果没有这段"忧患"的生活去磨砺它们，它们何以笑傲生活、笑傲人生。永远躺在摇篮里，四肢会萎缩；永远待在黑暗中，双目会失明。要想为自己的未来而打拼，那么就从今天开始吧！

追求进取，人生更有意义

每个人都有自己所追求和向往的东西，不同的人有着个同的追求。追求进取，让我们的人生不再苍白；追求进取，让我们的人生更加有意义。

　　爱迪生追求光明，发明了电灯，夜晚从此和白昼一样明亮；莱特兄弟追求像鸟儿一样飞翔，发明了飞机，人们可以从此直上云霄，驰骋天际。有梦想就有远方，有追求就会有所收获。因此，我们切不可贪图安逸放下追求和进取。

　　在成绩面前永不满足，不断前进，是积极进取的精神。有了这种精神，就能在生活和事业上不断给自己提出新的目标，并为实现目标而不断努力。

　　我国现代数学家、中国科学院学部委员华罗庚就是一位不甘落后、顽强拼搏的人。他初中毕业后因家庭困难辍学在家，但他不安于现状，订下了自学的目标和计划，一步一个脚印地向前迈步。他先后被邀请到清华大学读书，到国外研究，被聘为清华大学的教授，最终成为享誉世界的数学家。

　　无独有偶，我国现代民族音乐的一代宗师刘天华也是这样一个人。他出生于江苏省江阴市一个清贫的知识分子家庭。刚进中学，他被学校军乐队的演出吸引，非常向往成为一名校军乐队队员。他设法借了一把小号，拜能者为师，勤学苦练，不久就掌握了吹奏方法，被军乐队吸收为正式队员。刘天华并没有满足，之后又有了新的追求。他凭着顽强的毅力和锲而不舍的精神，先后学会了多种乐器的演奏方法。为进一步提高自己的音乐理论水平，他向民间艺人学习民间音乐艺术，向外籍教师学习作曲理论，向一切懂音乐的人学习各方面的音乐知识，终于成为我国乐坛上的著名教授。成名之后，刘天华仍不停步，为了弘扬民族音乐，又向更高的殿堂攀登。经过他的不懈努力，民族音乐成为我国高等音乐院校的正式课程。

　　苗因为进取，才能在岩石缝中扎根，开出艳丽的花朵；蛹因为进取，才会蜕壳而出，化成翩翩飞舞的蝴蝶。一切生灵都是因为进取，才创造了欣欣向荣的美好世界。我们处在一个飞速发展的社会，如果贪图安逸，不思进取，那么，我们终将被时代的车轮远远地甩在后面。只有进取，不断追求，才能在这个社会上立于不败之地。

第九章　忽略压力，你就是它的主人

随着经济与科技的日益发展以及社会竞争的日益激烈，来自各方面的压力也越来越大，心灵的危机感也越来越重。压力如同砒霜一样，憋在心里越久，中毒就越深。所以，朋友，请赶快把压力放下，还自己一个健康的心灵。

测一下你的压力有多大

如果你不知道自己目前是否处在压力的威胁下，可以做一下以下的压力测试，该测试是美国西雅图的华盛顿医科大学教授霍尔姆斯博士和他的研究机构发明的，它列举了我们面临的充满压力的事件。得分值较高的事件通常比那些得分值低的事件产生更多的压力反应。如果压力太大，就应该注意你的健康了。

要测试一下自己的压力水平，你可以记下过去一年你所经历的各个压力事件的分值，用这个分值乘以你一年中经历该事件的次数，但最多不超过 4 次（如果同一事件发生在你身上不止 4 次，就乘以 4），最后将它们加起来。

霍尔姆斯博士和他的研究小组发现健康和压力之间的明显关系：得分高的人，特别容易得严重的疾病。得分超过 300 的人，80％会很快病倒；得分介于 200～299 之间的人，50％很快会患病；得分介于 150～199 的人，只有 30% 会很快得病。

不过得出分数之前，我想提醒你，真正的意义不是你得多少分，而在于你如何对这些压力作出反应。所以，如果你得分较高，把它看作一个警告或减轻压力的促进因素，不要把它看成某种厄运的征兆。

另外，有一种简单的测试方法，以下各题，你只需回答"是"或"否"。请以你的第一反应作答。

1. 你是否一向准时赴约？

2. 和配偶或朋友比，你是否更易和同事沟通？

3. 是否觉得周六早晨比周日傍晚容易放松？

4. 无所事事时，是否感觉比忙着工作时自在？

5. 安排业余活动时，是否向来都很谨慎？

6. 当你处在等待状态时，是否常常感觉懊恼？

7. 你多数的娱乐活动是否都和同事一同进行？

8. 你的配偶或朋友是否认为你随和、易相处？

9. 有没有某位同事让你感觉很积极进取？

10. 运动时是否常想改进技巧，多赢得胜利？

11. 处于压力之下，你是否仍会仔细地弄清每件事的真相，才能做出决定？

12. 旅行之前，你是不是会做好行程表的每一个步骤，而当计划必须改变时，会感觉不自在？

13. 你是否喜欢在一场酒会上与人闲谈？

14. 你是否喜欢用闷头工作来躲避处理人际关系？

15. 你交的朋友是不是多半属于同一行业？

16. 当你生病时，你是否会将工作带到床上？

17. 平时的阅读物是否多半和工作相关？

18. 你是否比同事要花更多的时间在工作上？

19. 你在社交场合是不是三句话不离本行？

20. 你是不是在休息日也会焦躁不安？

4、8、13 题答"否"得 1 分，其他题答"是"得 1 分，请统计总分。12～20分：A型性格；0～9分：B型性格；10～11分：中间型性格。

A型特征

喜欢过度的竞争，喜欢寻求升迁与成就感，在一般言谈中过多强调关键词汇，往往愈说愈快并且加重最后几个词，喜欢追求各种不明确的目标，全神贯注于截止期限，憎恨延期，缺乏耐心，放松心情时会产生罪恶感。

B型特征

神情轻松自在而且思绪很密，工作之外拥有广泛兴趣，倾向于从容漫步，充满耐心而且肯花时间来考虑一个决定。

A型性格较之B型性格

对压力更敏感，也比较容易过激，对压力的心理承受能力也差一些。因此，A型性格的人要避免陷入焦躁状态，不要被突发事件打乱阵脚，更不要时刻让自己处于紧张状态。

压力不等于压抑

有这样一则印度寓言：两个人面对一杯喝了一半的水，一个人说："我已经喝掉了半杯水。"另一个人说："我还有半杯水没喝。"前者的话语中透露出的是无奈和苦涩，而后者的话语中则充满了希望。

人到中年，恰似那已经喝掉了半杯的水。既然剩下的那半杯水迟早要喝干，是满怀愁绪、恋恋不舍地缅怀已喝掉的那半杯水，还是以快乐的心态去计划该如何享受剩下的半杯水，答案就在每个人自己的手中。可是，有不少中年人在面对自己所处的地位和境遇时，常常是以前者的心态来应对的。

不久前，北京市对200多名中年领导干部进行的一项定向精神健康检查结果显示：竟有近一半的人存在精神不健康倾向，其中在外企（私企）工作者比例最高。

此次调查随机选取了包括国家机关处级、外企（私企）部门经理和国企的部门主管以上的干部，他们的年龄都在 35 岁到 45 岁之间。专业医生对他们的精神状况做了全面检查，发现有 45% 的人存在着精神健康问题，或多或少地有抑郁、焦虑、恐惧、偏执、强迫、应激障碍和适应障碍等。在有精神健康问题的干部中间，以外企（私企）工作者最多，比例超过了一半；其次是国企工作者，相对来说，国家机关干部出现精神健康问题的比较少。在中年领导出现的各类精神健康问题中，抑郁倾向最多，约占 1/3，其次就是焦虑倾向。有些人还同时存在几项精神健康障碍，需要心理咨询和治疗。有关专家认为，中年领导的工作和家庭的压力普遍比较大，因此，要格外注意身心健康，保持良好的生活方式和心态，否则会出"大问题"。

生活中，大概谁都会产生这样或那样的不良情绪。每一个人在一生中都难免受到各种不良情绪的刺激和伤害。但是，善于控制和调节情绪的人，能够在不良情绪产生时及时消释它，克服它，从而最大限度地减轻不良情绪的影响。有的时候，发泄一下不失为一个很不错的方法。

一天深夜，一个陌生女人打电话来说："我恨透了我的丈夫。"

"你打错电话了。"我告诉她。

她好像没有听见，滔滔不绝地说下去："我一天到晚照顾小孩，他还以为我在享福。有时候我想独自出去散散心，他都不肯；自己天天晚上出去，说是有应酬，谁会相信！"

"对不起。"我打断她的话，"我不认识你。"

"你当然不认识我。"她说，"我也不认识你，现在我说了出来，舒服多了，谢谢你。"她挂断了电话。

不良情绪产生了该怎么办呢？一些人认为最好的办法就是克制自己的感情，不让不良情绪流露出来，做到"喜怒不形于色"。情绪的丰富性是人生的重要内容。我们的生活，如果缺少丰富而生动的情绪，将会变得呆板而没有生气。如果大家都"喜怒不形于色"，没有好恶，没有喜怒哀乐，那么，人就会变成会说话、有动作的机器人了。

人之所以不同于机器，有血有肉、富有感情是一个重要因素。富有感情，人与人之间才能展开交流，才有心灵的沟通。

因此，强行压抑自己的情绪，硬要做到"喜怒不形于色"，把自己弄得表情呆板，情绪漠然，不是感情的成熟，而是情绪的退化，不是正常人所应当有的，而是一种病态的表现。那些表面上看来似乎控制住了自己情绪的人，实际上是将情绪转入了内心。任何不良的情绪一经产生，就一定会寻找发泄的地方。当它受到外部压制，不能自由地宣泄时，便会在体内发泄，危及自己的心理和精神，可能造成的危害会更大，因此，偶尔发泄一下也未尝不可。

自己为自己来减压

把压力呼出去，把动力吸进来，必须改变态度。你如果面对无法摆脱的压力时，就应该反复地对自己说："这是对我的挑战和考验，这是催促我努力学习、积极工作、奋发向上的动力。"只要换个角度去思考，态度一改变，压力很快就能减轻。

有人提出以下解压方法，不妨拿来一试。

1.激怒疗法

传说战国时代的齐王患了忧郁症，请宋国名医文挚来诊治。文挚详细诊断后对太子说："齐王的病只有用激怒的方法来理疗才能治好，如果我激怒了齐王，他肯定要把我杀死的。"太子听了恳求道："只要能治好父王的病，我和母后一定保证你的生命安全。"文挚推辞不过，只得应允。当即与齐王约好看病的时间，结果，第一次文挚没有来，又约第二次，第二次没来，又约第三次，第三次同样失约。齐王见文挚恭请不到，连续三次失约，非常恼怒，痛骂不止。过了几天，文挚突然来了，连礼也不见，鞋也不脱，就上到齐王的床铺上问疾看病，并且用粗话野话激怒齐王，齐王实在忍耐不住了，便起身大骂文挚，一怒一骂，郁闷一泻，齐王的忧郁症也好了。可惜，太子和他的母后并没有保住他的性命，齐王还是把他杀了。但文挚根据中医情志治病的"怒胜思"的原则，采用激怒病人的治疗手段，却治好了齐王的忧郁症，给中国医案史上留下了一个心理疗法的典型范例。

2.森田疗法

蔬菜大棚里，一位年轻病人正在指挥着大家热火朝天地运土、浇菜、施肥，健身房里，几个病人大汗淋漓地在跑步机、单杠上做运动。森田疗法是治疗神经症的最佳疗法。治疗要点是为所当为、寻找痛苦，为所怕为、忍受痛苦，有所不为，以顺应自然，超越自我，打破精神交互作用，消除症状。治疗分绝对卧床期、轻体力工作期、重体力工作期、生活训练期4个步骤。

3.艺术治疗法

音乐室里10多名病人伴着悠扬的乐声翩翩起舞；书画室挂满了病人自己创作的五颜六色的作品，病人们有的凝神运笔，有的挥毫泼墨；娱乐室中或三五成群地搓着麻将，或悠闲地读书看报。艺术行为治疗是将各种艺术治疗和行为治疗中的代币奖励治疗结合起来，治疗单纯药物治疗效果不佳的慢性精神病人，促进患者社会功能的康复。它对神经症、心理障碍、药物依赖等神经疾病有较好疗效，包括应用操作性音乐治疗、书法治疗、阅读治疗等具体方法。病人每两周轮换一室，每天由各室心理治疗医师讲解当天治疗活动的内容和治疗作用，然后由每人实际操作，治疗结束前要进行评分，到月底根据每人得分情况兑换各种生活用品、文具、食品等，以鼓励病人继续治疗，直至达到出院标准。

拥抱一棵减压的"大树"

在国外的一些公园里，早晨会看到许多人拥抱大树。其实，这是他们用来减轻心理压力的一种方法。随着现代生活节奏的加快，许多人长期处于高度紧张之中，使人承受着沉重的心理压力，从而影响身体健康。这时，就需要敞开胸怀，释放压力，亲近自然，回归自然，让自己在拥抱大树的同时也拥抱自己的心灵。

天底下没有无所不能的超人，更不可能事事都有完美的结局。要正确面对社会现实，看到社会成员之间存在不平等的地位，存在待遇上的差距，承认差别，努力去缩小与别人的差距，寻找自己可以胜任并且感觉愉快的事情去做，全身心地投入，别太计较得失。每个人都有自己的长处和短处，只有积极有为，勤奋才能补拙，不要担心不如别人，要自己接受自己，确立一种自强、自信、自立的心态。

如果可以让自己的生活充满乐趣，过得无忧无虑，那又何乐而不为呢？让快乐陪伴你的生活，让微笑常写在你的脸上。把生活中的压力、烦恼罗列出来，然后一个一个地击破，你会有一种轻松、愉快的感觉。积极参加各种自己感兴趣的业余活动，和朋友联欢、聚餐等。别将心事往心里藏，找个有爱心又信得过的好朋友，把所有的不愉快向对方倾诉，使心理取得平衡。别因芝麻绿豆的小事而耿耿于怀，徒增烦恼。多读一些圣贤哲理与名人传记，名人之所以成功，就是因为他们能从挫折中走出来。圣贤的思想与足迹能给我们许多启示。读书解愁，在书的世界遨游时，一切忧愁悲伤便抛诸脑后，烟消云散，或者看看电影，听听音乐，都是很好的"发泄"途径。

压抑会产生厌倦、懒惰的行为，越是懒于动手做事，越容易发生心理危机。这时候，最好积极地做些富有建设性的工作，比如，列出一个学习、生活日程表，不论大小事情都列入其中，并认真、专心地去做，一旦成功地完成一项工作，心里就会踏实得多。

如果看书、听音乐、看电影都不能将你从压力中暂时解脱，那你再去尝试着玩玩拼图游戏，做做园艺，干些家务，或重新粉刷房子，改变家里的摆设，等等。"健康的人格寓于健康的身体"，坚持锻炼身体是一个不错的方法。多进行一些呼吸性的锻炼，例如散步、慢跑、游泳和骑车等，呼吸新鲜空气，会让人信心倍增，精力充沛，从而消除紧张、焦虑的心情。与其将不满的情绪深埋心底，不如用有效的途径使自己忘掉烦恼。

你也可以主动帮助别人，为他人效劳，帮助别人解决困难，在减轻压力的同时也可使自己感到满足和有成就感。

如果这些还是不能帮你，那你还有一种选择——哭！哭能缓解压力，释放感情，会使人觉得心胸平静。"男儿有泪不轻弹"未免说得太苛刻了，有人不是唱着"男人哭吧哭吧不是罪"吗？所以，不管男人女人，如果想哭，就放声哭吧！

压力，都市人的致命伤

压力，自许为前进动力的孪生姐妹，已成了都市人的致命伤，它严重影响了都市人的生活质量。一个女中学生因不堪学习的重负而离家出走，某企业老总因再也无法承受整天都是员工讨工资、银行讨贷款、老婆闹离婚的生活而跳楼自杀。生活的压力太大，以致他们无法承受，所以才走上了绝路。

现在都市人在充分体验高科技成果所带来的前所未有的愉悦的同时也正忍受着它带给人们的巨大压力。在"时间就是效益""时间就是金钱"等类似观念的感召下，人们与时间赛跑，丝毫不敢怠慢地填满每一分、每一秒，忙工作，忙进修，忙交往，连吃饭都分秒必争，去吃快餐。在这样的快节奏生活下，工作压力、学习压力和生活压力等一起向人们袭来。身强力壮，承受力大者，挺身憋气，强自为之；心理素质差，承受力弱者，恐慌、失眠。

人不能没有压力，但压力不是越多越好。我们应一分为二地看待压力，应该看到它在督促人们前进中的作用。每一个人都有一个压力的承受极限，即阈值，超过这个极限，如不能及时排解，就要出问题。现代都市人的压力普遍已超过压力的警戒线，许多人甚至已经超过阈值，这也正是心理医生日益红火的原因。当然，如果压力太小或没有压力，人们就会失去动力，不思进取。俗话说："人要逼，马要骑。"每个人应根据自身条件，把压力维持在最佳程度，只有这样才能临压不惧，真正体验快乐生活。

你有多久没有躺卧在草地上凝望苍穹，望天空云卷云舒，看夜空繁星闪烁了？你有多久没有亲近大地，观草木荣衰了？你有多久没有陪家人、朋友共享一顿丰盛的烛光晚餐了？很久了吧？

在强大的压力之下，都市人每天总是忙、忙、忙，越忙碌，就越觉得生活茫然。不知为何要这么忙，却又是忙、忙、忙。于是，盲目、忙碌、茫然，成天游来荡去，累了、烦了，却还是摆脱不了。忙碌仿佛成了一种惯性，而一旦脱离了这种惯性，整个人又似没有了魂的幽灵，整天晃来荡去不知所措。偶尔工作的余暇有片刻的松懈，又不知如何享用。

加班加点工作在我们这个社会已成为非常普遍的现象，大家工作都太累了，没有时间和精力去享受生活中的其他乐趣。疲劳过度使得大家都成为生活中的失败者。

一位商界名人在接受采访时说道："我每天工作超过18个小时，常常是连吃饭的时间都在工作。"而此人得到的结果竟是吃几场官司，坐了一次牢，并最终于47岁英年早逝。虽然累积了几亿财富，但在此时他得到的似乎仅仅是忙碌和烦躁而已。

忙碌已非一种状况，而成了一种习惯。没有人喜欢忙碌，但在巨大的竞争压力下，不忙碌又害怕自己会落伍，会被社会所淘汰。许多人都处在不穷也不富的尴尬阶层，放下工作便一穷二白，停下脚步便身心皆空。于是，只能马不停蹄地向前奔，只能用透支的身体作为生命中唯一的本钱，为"希望中的未来"而辛苦奔波。

没见过一只发条永远上得十足的表会走得长久；没见过一辆马力经常加到极限的车会用得长久；没见过一根绷得过紧的琴弦不易断；也没见过一个心情日夜紧张的人不易得病。人们在尘世的喧嚣中日复一日地进行着各自的奔波劳碌，像蜜蜂般振动着生活的羽翅，难免会有种种不安。所以，我们何不放慢脚步，静下心来想想在巨大的压力之下，每分每秒的忙碌，除了累坏了身体，增加了脸上的皱纹外，我们又得到了什么？

用"沙漏哲学"对待压力

第二次世界大战时期，米诺肩负着沉重的任务，每天花很长的时间在收发室里，努力整理在战争中死伤和失踪者的最新纪录。

源源不绝的情报接踵而来，收发室的人员必须分秒必争地处理，一丁点的小错误都可能会造成难以弥补的后果。米诺的心始终悬在半空中，小心翼翼地避免出任何差错。在压力和疲劳的袭击之下，米诺患了结肠痉挛症。身体上的病痛使他忧心忡忡，他担心自己从此一蹶不振，又担心是否能撑到战争结束，活着回去见他的家人。

在身体和心理的双重煎熬下，米诺整个人瘦了34磅。他想自己就要垮了，几乎已经不奢望会有痊愈的一天。

身心交相煎熬，米诺终于不支倒地，住进医院。

　　军医了解他的状况后，语重心长地对他说："米诺，你身体上的疾病没什么大不了，真正的问题是出在你的心里。我希望你把自己的生命想象成一个沙漏，在沙漏的上半部，有成千上万的沙子，它们在流过中间那条细缝时都是平均而且缓慢的，除了弄坏它，你跟我都没办法让很多沙粒同时通过那条窄缝。人也是一样，每一个人都像是一个沙漏，每天都是一大堆的工作等着去做，但是我们必须一次一件慢慢来，否则我们的精神绝对承受不了。"

　　医生的忠告给米诺很大的启发，从那天起，他就一直奉行着这种"沙漏哲学"，即使问题如成千上万的沙子般涌到面前，米诺也能沉着应对，不再杞人忧天。

　　他反复告诫自己说："一次只流过一粒沙子，一次只做一件工作。"

　　没过多久，米诺的身体便恢复正常了，从此，他也学会如何从容不迫地面对自己的工作了。

　　人没有一万只手，不能把所有的事情一次解决，那么又何必一次为那么多事情而烦恼呢？

　　现代人大都背负着沉重的生活压力，时常担心这个，担心那个，忧虑总是永无止境。

　　面对这么多的压力，你该试一试所谓的"沙漏哲学"，既然你所忧虑的事不是一时半刻就能改变，你就要用另一种心情去面对。

　　人有压力不可怕，可怕的是憋在心里，变成心灵的枷锁，这样，人就会失去理智的判断能力，失去激发潜能的自由。西方有句谚语："最后一棵草会压垮骆驼背。"同样的道理，工作生活中的烦心琐事，也会给人造成心理和精神上的压力，直接影响人的健康和生命。有个刚刚50出头的教师体检时，发现肝上有点问题，从此心情沉重，精神不振，不到半年竟形容枯槁。没过半年，听说他猝然离世。医生说他的生命不是因为肝病而结束，而是被心理压力夺去的。

不能即时改变的事，你再怎么担心忧虑也只是空想而已，事情并不能马上解决，你应该试着一件一件慢慢来，全心全意把眼前的这件事做好。

人生在世，本来就会面临各种各样的压力，当你学会调整自己，让压力如经过沙漏的沙子慢慢流淌时，你会发现，压力反而是一种动力，只要你按部就班，它就会不断推动着你努力前进。

学会减压，适时调适自己

激烈的竞争，生活节奏过快，精神压力过大，对于每个人来说，都是无法逃避的。

北京某广告公司设计师王某说："干这行的谁不是身心疲惫？"她到公司两年，几乎每天都加班，每天早晨都不想起床，下了班瘫坐在电视机前，看不进去书，不愿听电话，不去做运动，不愿见朋友，没有时间与爱人交流，能不像抑郁患者吗？"很多时候，我想抗议，我宁愿少拿一点钱，让自己有点私人空间，享受家庭的时光，我不觉得工作应该成为生活的全部，可是没有人这么想。大家都拼命干活，拼命挣钱，社会的评价标准难道是挣钱的多少吗？"王某说。

备受瞩目的 IT 界人士更让人担忧。这个行业人员的年轻化和竞争的残酷性都是最突出的，但现在整个社会都是技术至上论，对社会的了解，对自身的了解都被忽略了。

自"二战"以来，患忧郁症的人数已经翻了一倍；在美国，有 500 万人服用抗忧郁药，每年自杀人数是 30 万。但是这个像流感一样不时发作的疾病，为什么会如此频繁地光顾这个时代？

社会转型期的人们对精神和物质追求的严重失衡是导致诸多精神问题的根源。物极必反，人是精神实体的人，如果长期忽视自己的真实感受，问题就会出来。抑郁症其实不可怕，"抑郁"

是人类正常情绪的一种，如果有强大的爱的力量的支撑，完全可以走出来。这个爱包含着对自己的尊重和对外在世界的关爱。

社会上普遍存在一种观念误区：认为不遗余力地拼命工作才是值得尊敬和有价值的，但很多人成功了，也感到自己枯竭了。所以，真正成熟的人懂得调适自己，劳逸结合，会宣泄，会娱乐，不迫使自己追求超乎能力的目标。

正确对待压力

高压力和快节奏的社会，造成的情绪和压力的负面影响是巨大的。

从国外归来的张女士在一家外企工作，因为有很高的学历和丰富的从业经历，所以进入外企不久后就由一般干部升至经理。按说职位很高，薪水也很丰厚，但是张女士却烦恼不已。原来，做了经理后，她每天要从早上 9 点工作到夜里 11 点，并且周末也不能休息。渐渐地，张女士开始讨厌上班，但是为了生计，她还得强迫自己去。日子久了，张女士怀念起在国外的时光。那时，她虽然只是普通员工，但是天天能早早下班和家人一起去海边散步，每逢休假还能去旅游。最终，张女士患上了抑郁症。

39 岁的何先生近来觉得自己的生活真是不顺心。他在一家私营企业工作，凭着吃苦耐劳、勤奋敬业，升为部门经理。但是，自从升职后，吴先生明显感到在工作时总是精力不够，时间一长就觉得很累，而且注意力也无法集中，为此，还险些出了差错。不久前，老总找他谈话，明确告诉他如果他再不调整好状态，就由比他年轻的小王接替他的职位。此后，何先生几乎把所有的精力都投入到了工作中，但是，个中的失落感和郁闷感唯有己知。

适度的压力能激发人们的工作热情，收到比一般情况下还要好的功效。美国曾有一位旅行者在乡间旅行时，突遇泥石流，情急之下，他的奔跑速度居然打破了世界纪录，有他的朋友为他摄的录像带为证。一位英国冒险家在旅行途中遭遇地震，被埋在混凝土中，他竟将一块半吨重的混凝土移开。有关专家经过研究认为，在人体内潜藏着一种平常表现不出来的智慧和力量。正常状态下，人的大脑只有10%左右的能力在起作用，而另外90%左右的能力都被储备起来。人们在遇到危难之时，被储存的智慧和力量就会集中释放出来拯救生命，瞬间就可完成平时无法完成的大强度的工作。

压力过大，直接威胁着人的身体健康。人的神经系统和免疫系统紧密相连，神经系统一旦受到严重的冲击，首先会造成免疫系统的破坏，甚至会导致疾病的产生。

压力如同"水可载舟，也可覆舟"一样，既有好的一面，也有坏的一面。如果能把压力变成动力，压力就是蜜糖；如果把压力憋在心里，让它无休止地折磨自己，那就是砒霜。

知道自己的能力，别负重而行

一个人觉得生活很沉重，便去见哲人，寻求解脱之法。

哲人给他一个篓子背在肩上，指着一条沙砾路说："你每走一步就捡一块石头扔进去，看看有什么感觉。"

过了一会儿，那人走到了头，哲人问有什么感觉。那人感觉到了越来越沉重。我们来到世界上时，每个人都背着一个空篓子，然而我们每走一步都要从这世界上捡一样东西放进去，所以才有了越走越累的感觉。

于是那人问："有什么办法可以减轻这种负重吗？"

哲人问他："那么你愿意把工作、爱情、家庭、友谊哪一样拿出来呢？"

那人不语。

哲人曾说过："当感到沉重时，也许你应该庆幸自己不是总统，因为他背的篓子比你的大多了，也沉重多了。"

人生路坎坷的时日居多，升学、工作、晋级、成家，哪一个环节都不可能一帆风顺，大部分时间人在负重而行，领导同事的误会、工作上的摩擦、生活上的不如意都是令人难过的源泉，这时候，人就得有负重而行的心理承受力，否则不够宽容，不够豁达，不会变通，最终会把自己逼入死角。

负重而行当然是一种痛苦，但没负重而行就不可能体会无重的轻松惬意，没有负重而行，也就无所谓责任，从而也就无所谓成就，当然也就不会体验到上了坡后那种如释重负的快感了。没有负重的生命是不完整的生命，没有负过重的人生是不圆满的人生。

压力是不可避免的，因此我们应该学会缓解压力，以下建议仅供参考：

第一，要知道自己的目标。只要目标明确了，在行动上就不要发生动摇。人是需要精神支柱的，这个支柱是自己给自己树立的。有了这个心理上的强大动力，任何压力带来的疲惫和痛苦都是微不足道的。

第二，要会衡量自己的能力。知道自己的能力，知道自己需要什么，能做到什么。无望的追求是空谈，每个人的理想都应该是脚踏实地的，就像吃惯了素菜的人非要去享受牛排，那油汪汪的东西固然很诱人，但真吃到自己肚里，半生不熟的还真消化不了。

第三，要仔细分辨自己的欲望是不是合理。这个世界到底是有道德标准和行为准则的，随意突破规范是要承担后果的。假如你的欲望无穷，是会给自己带来痛苦或给别人带来伤害的，就应该果断摒弃，把这种黑色的欲望压力消灭于无形。

第四，解决压力要讲究方式方法，要给自己一个健康、美好的心态。这世界美丽纷繁，充满了阳光和温情，要懂得去欣赏她、接纳她、追求她。

寻找积极的能量

传说美洲虎是一种濒临灭绝的动物，世界上仅存十几只，其中秘鲁动物园里有一只。秘鲁人为了保护这只美洲虎，专门为它建造了虎园，里面有山有水，还有成群结队的牛羊兔子供它享用。奇怪的是，它只吃管理员送来的肉食，常常躺在虎房里，吃了睡，睡了吃。

有人说："失去爱情的老虎，怎么能有精神？"为此，动物园又定期从国外租来雌虎陪伴它。可是美洲虎最多陪"女友"出去走走，不久又回到虎房，还是打不起精神。

一位动物学家建议说："虎是林中之王，园里只放一群吃草的小动物，怎么能引起它的兴趣。"动物园里的管理人员采纳了专家的意见，放进了3只豺狗，从这以后美洲虎不再睡懒觉了。它时而站在山顶引颈长啸；时而冲下山来，雄赳赳地满园巡逻；时而追逐豺狗挑衅。

美洲虎有了攻击的对手，也就有了压力，有了压力使它精神倍增，与以前大不一样了。

人活在世上，虽然无法逃避生活和工作中的种种压力，但是人有办法战胜它。压力既有破坏性力量，也有积极的促进力量。

压力是一种冒险，而适度的冒险可以增强人体新陈代谢的能力，改善大脑营养，增强抵抗力。正像成人喜欢看恐怖影片、儿童爱听鬼故事那样，人有一种"接受冒险"的心理。所以，有压力不可怕，可怕的是没有勇气摆脱压力，战胜困难。

压力是一种刺激，凡是有生命的物质都离不开刺激。饥饿是一种压力，迫使你用劳动去获取食物；寒冷是一种压力，迫使你动手编织御寒的衣服；事业是一种压力，迫使你努力工作达到彼岸。而得到食物、衣服、业绩，便是一种刺激。如此说来，压力成了推动人们前进的动力。

每个人都会有这样的体会，一个人饭后散步时可以背起手来，闲情漫步，如果让他挑上百斤重担，便会立马小跑起来。这是为什么？是压力产生了动力。法国的维克多·格林尼亚就是凭借压力激发出动力，获得了诺贝尔化学奖。

格林尼亚出生于富裕家庭，从小生活奢侈，不务正业，人们都说他是个没有出息的花花公子。在一次宴会上，格林尼亚有意靠近一位年轻貌美的姑娘，可是这位姑娘毫不留情地对他说："请你站远点，我最讨厌你这样的花花公子挡住视线。"骄傲的格林尼亚有生以来第一次遇到这样的羞辱。这令人无地自容的羞辱像重重的一拳，把昏睡不醒的他击醒。他从宴会上回来，给家人留下一封书信："请不要探询我的下落，容我去刻苦学习，我相信自己将来会做出一些成绩的。"果不其然，8年后，他成了著名的化学家，时隔不久，又获得了诺贝尔化学奖。后来格林尼亚收到一封信，信中只有一句话："我永远敬爱那些敢于战胜自己的人。"写信者正是那位美丽的姑娘。

格林尼亚当众受辱有了压力，他为了洗刷掉这些羞辱，促使自己去战胜自我，后来终于用羞辱换得荣誉，实现了由纨绔子弟向伟大科学家的转化。这就是压力变动力的结果。我们还从格林尼亚的转化中发现，一个人追求的目标越高，战胜压力的力量就越大。

释怀，帮你抛开压力

小柯原本是公司里的修理工，因为表现优异，不到半年的时间就被提升为领工，负责管理公司里所有大大小小的机械。

这么短的时间便获得如此大的成绩，着实给小柯带来了不少压力。升任后，他一面积极地参与公司里的各种事务，一面又担心自己的能力不足以承担如此重任。

午夜梦回时，小柯时常梦见公司出现了什么问题或错误，自己吓出一身冷汗，无一夜好眠，"焦虑"成了他最忠实的朋友。

一日，公司的四部牵引机同时发生故障，作业一度陷入瘫痪，小柯终日担忧的事情终于发生了，他完全不知所措，脑子里一片空白，只好请求上司的帮助，向他报告这突如其来的意外。

小柯心想发生了这样的事，上司一定会大发雷霆，自己的职位也将不保，因此，抱着战战兢兢的心情，他浑身发抖地来到了上司的面前。

想不到上司听了小柯的陈述之后居然继续做他的事，连头也不抬一下，只是慢条斯理地对小柯说："这没什么大不了的，机器坏了，那就把它修好啊！"

小柯听了这番话，多日来的烦恼、恐惧全部一扫而空。是啊！兵来将挡，水来土掩，有什么解决不了的呢？于是，小柯以极佳的效率，迅速修好了那四部发生故障的设备。从此以后，他不再为焦虑所困，先前的压力也很快就没了，迅速地适应了自己的工作，成为一名非常优秀的员工。

小柯杞人忧天，将心力投注在那些未知的事物上，使自己整天诚惶诚恐，压力越来越大，从而无法沉着地面对困难。

中国有句谚语"尽人事，听天命"，意思是说明天太遥远了，谁也不知道将会发生什么事，不如抛下压力，把握眼前，无论遇到多大的压力，都要释怀。

走出阴影，保持乐观

有位老和尚，养了一条狗。这条狗的名字很怪，不叫小花、大黄、小黑、小白，更不是旺财、来福，这位大师给它起名叫"放下"。每日黄昏，他都要亲自去喂它。落日下，只见诵了一天经的老和尚端着饭食，来到院子里，一声声地喊着爱犬的名字："放下，放下。"

一次，这个情景被一个小女孩看到，她疑惑地跑去问："大师，你为什么给它取名叫'放下'呢？这个名字好怪哦。"

大师笑着说："小姑娘，你以为我真的在叫它吗？我是在告诉我自己，要'放下'。"

当压力来临时，我们不妨也学会放下。

美国有一位企业的董事长就发现自己被工作压得喘不过气来，行为都变得异常了，就为自己找了一件事做：钉纽扣。他一感到心烦意乱、手足无措的时候，就会停下工作，在一块布上钉一颗纽扣。后来纽扣钉得越来越多，好几块布上都钉满了各种各样的纽扣。再后来，他把这一爱好进行了普及，很多时候，员工都会看到他一个人坐在办公室里削铅笔，或者帮其他员工削铅笔，再后来发展到帮员工煮咖啡、倒垃圾……看上去简直就像个小勤杂工一样。但他并没有放下自己那些重要的工作，而是把更多的时间放在放松自己、让自己休息的简单劳动上，而不是那些永远都没完没了的、其实并不重要的工作上面。

一年后，他的精神状态恢复了正常，但他再也没有像以前那样拼命地工作了，而是把工作分成三种：必须自己做的、可以交给别人做的、可以完全放下的。后来，工作对他来说变成一件快乐的事，他也不用靠钉纽扣、削铅笔来解放自己了，如今他可以去打高尔夫球，可以去游泳……他发现了新的释放压力的方式。

最重要的是要保持良好的心态。说到底，压力还是产生于我们的内心，只要能时时保持乐观的心态，压力的阴影自然也会散去。这个时候，微笑往往是最有力的武器。

一天，布恩去拜访一位客户，但是很可惜，他们没有达成协议。布恩很苦恼，回来后把事情的经过告诉了经理。

经理耐心地听完布恩的讲述，沉思了一会儿说："你不妨再去一次，但要调整好自己的心态，要时刻记住运用你的微笑，用微笑打动对方，让他看出你的诚意。"

布恩试着去做了，他把自己表现得很快乐，很真诚，微笑一直洋溢在他的脸上。结果对方也被布恩感染了，很愉快地签订了协议。

布恩已经结婚 18 年了，每天早上起来去上班，很少对太太微笑，或对她说几句温存的话，既然微笑能在商业活动中发挥如此巨大的作用，布恩就决定在家中试一试。第二天早上，布恩梳头照镜子，把脸上的愁容一扫而空，对着太太微笑。吃早餐时，他向太太问候："早安，亲爱的！"太太惊愕不已。然而，从此以后，布恩在家得到的幸福比过去两年还多。

于是，布恩要上班时，对大楼门口的电梯管理员微笑着；跟大楼门口的警卫热情地打招呼；站在交易所里对着那些从未谋面的人微笑。布恩很快就发现，每一个人同时也对他报以微笑。他以一种愉悦的态度对待那些满腹牢骚的人，一面听他们的牢骚，一面微笑着，于是问题就容易解决了。

由微笑开始，布恩学会了赏识和赞美他人，不再蔑视他人。他停止谈论自己所需要的，试着从别人的观点来看事情。这一切改变了他的生活，使他变成了一个完全不同的人、一个更快乐的人、一个在友谊和幸福方面很富有的人。

微笑就是情商的美丽外衣，你的笑容就是你如意的信差，能照亮所有看到它的人。

下篇

选择放下，你的人生才更幸福

当我们得到的东西多了，我们的内心就会产生更大的欲望。我们有可能因此而变得贪婪。这个时候，我们需要放下一些东西，放下一些已经变成我们前进路上的"包袱"的东西。只有这样，我们的人生才会精彩，我们的生活才会幸福。

第一章　放下也是一种勇气

学会放下，才能卸下人生的种种包袱，轻装上阵，迎接生活的转机，从容度过人生的风风雨雨；懂得放下，才能拥有一份成熟，才会更加充实、坦然和轻松。

放下是一种坚强

生活并不是一帆风顺，很多时候我们需要学会放下。放下并不代表对生活的失望，它也是人生中的契机。然而，学会放下要比学会坚持更难得，因为那需要更多的勇气。现在我已经懂得了得与失的道理，明白了坚强也包含着放下。

这个世界上有一种坚强叫作放下，心中贪念使我们放不下，内心的欲望与执着使我们一直受缚，我们唯一要做的，只是将我们的双手张开，放下无谓的执着。

有这样一道测试题：

在一个暴风雨的晚上，你经过一个车站，有三个人正在等公共汽车。一个是快要死的老人，好可怜的；一个是医生，他曾救过你的命，是大恩人，你做梦都想报答他；还有一个女人／男人，她／他是那种你做梦都想嫁／娶的人，也许错过就没有机会了。但你的车只能坐一个人，你会如何选择？请解释一下你的理由。

我不知道这是不是一个对人性格的测试，因为每一个回答都有他自己的原因。老人快要死了，你首先应该先救他。然而，每个老人最后都只能把死作为他们的终点站，你先让那个医生上车，因为他救过你，你认为这是个好机会报答他。那个心中梦想的人一旦错过了这个机会，你可能永远不能遇到一个让你那么心动的人了。

在200个应征者中，只有一个人被雇用了，他并没有解释他的理由，他只是说了以下的话，"给医生车和钥匙，让他带着老人去医院，而我则留下来陪我的梦中情人一起等公车！"

每个我认识的人都认为以上的回答是最好的，但是其他的任何一个人（包括我在内）一开始都没想到。

是否是因为我们从未想过要放下我们手中已经拥有的优势（车钥匙）？有时，如果我们能放下一些我们的固执、偏狭和一些优势的话，我们可能会得到更多。

印度诗人泰戈尔曾说："在我的生命中有些地方是空白的、闲静的，这些地方都是空旷之区，我忙碌的日子便在那里得到了阳光与空气。"

有人说，生命是一支铅笔，总是越削越短；也有人说，生命是一根蜡烛，总会燃尽。无论生命是什么，它所证明的只有一个意思：这世上有太多的东西可以重复，唯有生命，一去不返，永不循环！与生命本身相比，浮华名利，外在的不幸遭遇是不是很轻薄？

不要贪图浮华名利，它必然会束缚你的手脚，阻碍你前进的步伐，你的生命将会因此而失色。实质上，你的生命的存在已经没有意义。所以，该放下的就要放下，那样你才能轻装前进，步伐显得那样的轻盈，速度会令人感到如此惊诧，当然，目标也就离你越来越近。在别人羡慕的目光中，你的人生因此而精彩。

放下也是一种智慧

生命之中，会遇到各种各样的选择与诱惑，不属于我们自己的有太多太多，人只有一双手，能握住的总是有限的。我们应该学会选择，也要学会放下。放下不是一种无奈，也不是一种无为，其实理智与正确的放下是一种成熟，更是一种智慧。

放下是一种智慧。有选择就有放下，学会放下也是一种生命的超脱。放下不是一种失落，更是一种收获。或许你放下了一样东西时，也就注定你将得到新的东西。

有时我们总羡慕别人的洒脱与自由，也妒忌别人那份能笑对一切的心境，其实这一切皆因别人学会了如何去选择放下。放下给人以淡然，放下给人以冷静，放下也给人以思考。因为生活之中，太多时候我们必须得学会放下！

学会放下，是让人于思考与正视中分辨真伪；学会放下，是一种理性与睿智，也是一种豁达与清醒。

非洲土人会用一种奇特的狩猎方法捕捉狒狒：在一个固定的小木盒里面装上狒狒爱吃的坚果，盒子上开一个小口，刚好够狒狒的前爪伸进去，狒狒一旦抓住坚果，爪子就抽不出来了，人们常常用这种方法捉到狒狒。因为狒狒有一种习性，不肯放下已经到手的东西。

人们总会嘲笑狒狒的愚蠢，为什么不松开爪子放下坚果逃命呢？但人们为什么没有审视一下自己呢？并不是只有狒狒才会犯这样的错误。

一个人背着包袱走路总是很辛苦的，该放下时就应果断地放下，生活中有得必有失，正所谓："失之东隅，收之桑榆。"静观世间万物，体会与世界一样博大的诗意，适当地有所放下，这正是获得内心平衡，获得快乐的好方法。

生命如舟，人的一生载不动太多的物欲和奢求。放下那些根本不可能实现或会带你走上悲剧性道路的欲念吧！不然，生命之舟就有沉没的危险。而在放下之后，你会发现人生更加轻松而坚强！

放下那段令你困惑和烦恼的情感吧，既然那段岁月已悠然遁去，既然那个背影已渐行渐远，又何必要在一个地点苦苦守望呢？挥一挥手，果断地放下，勇敢地向前走，前方有更美的缘分之花在专门为你开放！

学会放下吧！放下失恋的痛楚，放下受辱后的仇恨，放下满腹的忧怨，放下心头难以言说的苦涩，放下费神的争吵，放下对权力的角逐，放下名利的争夺……

生活中，外在的放下让你倍感轻松，心理的放下让你得到解脱，生活中的垃圾既然可以不皱一下眉头就轻易丢掉，情感上的垃圾也无须抱残守缺。

学会放下吧！朋友，在物欲横流的今天，许多事情需要你做出选择，而有选择就有放下。要想得到野花的清香，必须放下城市的舒适；要想达到梦的彼岸，必须放下清晨甜美的酣睡；要想重拾往日羊肠小道的温馨，必须放下开阔平坦的公路……人生苦短，若想获得，必须放下。放下，让你可以轻装前进，忘记旅途的疲惫和辛苦；放下，可以让你摆脱烦恼忧愁，整个身心沉浸在悠闲和宁静中。

放下不仅能改善你的形象，使你显得豁达豪爽；放下也会使你赢得朋友的依赖，使你变得完美坚强；放下会带给你万众瞩目，使你的生命绚丽辉煌；放下会使你变得聪明、能干，更有力量。

学会放下吧，凡是次要的、枝节的、多余的，该放下的都放下吧！

放下是一种解脱

放下使人的心灵得到放松、解脱，更会使人产生一种"向前进"的动力，从而对生活有了期待。哲学说"矛盾是时刻存在的"，因此，我们看问题要学会把事物一分为二，用科学正确的眼光看待问题，这样才能真正体验到生活的美好。

现实生活中偏偏有很多人放不下：因为舍不得放下到手的职务，有些人整天东奔西跑，荒废了正当的工作；因为舍不得放下诱人的钱财，有人费尽心思，不惜铤而走险；因为舍不得放下对权力的占有欲，有些人热衷于溜须拍马、行贿受贿；因为舍不得放下一段情感，有些人宁愿岁月蹉跎……人总是这样，总是希望拥有一切，似乎拥有的越多，人越快乐。可是，突然有一天，我们忽然惊觉：我们的忧郁、无聊、困惑、无奈，都是因为我们渴望拥有的东西太多了，或者太执着了。不知不觉中，我们已丧失了一切本源的快乐。

我们肩上的重担，心上的压力，这些重担与压力可以说使人生活过得非常艰苦。必要的时候，佛陀指示的"放下"，不失为一条幸福解脱之道！

我们常说："拿得起，放得下。"其实，所谓"拿得起"，指的是人在踌躇满志时的心态，而"放得下"则是指人在遭受挫折、遇到困难或者办事不顺畅以及无奈之时应采取的态度。一个人来到世间，总会遇到顺逆之境、迁调之遇、进退之间的各种情形与变故。范仲淹说："不以物喜，不以己悲。"有了这样一种心境，就能对大悲大喜、厚名重利看得很小、很轻、很淡，自然也就容易"放得下"了。

是啊，该放下的不放下，有时候反而是你的一种负累，你什么都想拥有，最终有可能一无所有。生活给予你的是有限的生命和有限的资源，所以，你必须放下一些不该拥有的，选择一些适合你自己的。想拥有的太多，你的生命将何以堪？什么也不愿放下的人，常常会失去更有价值的东西。

不要把你的生命浪费在最终要化为灰烬的东西上，放下那些不适合自己去充当的角色，放下束缚你手脚的那些沉重包袱，用你旺盛的精力和灵光的智慧去追求你真正应该有的东西，十分努力地做好自己应该做的事情，追求自己的人生目标，实现自己的人生价值。

你是否抱怨生活太累太累，其实是你没有学会有所放下，你何不尝试放下一些包袱和拖累而轻装前进呢？

放下那些包袱和烦恼，你就会心情放松。放下会使你变得更精明，更能干，更有力量。你可以从自身的条件和所处的环境出发，做你自己力所能及的事情，倘若有不切实际的事情，那你就要勇于放下。因为放下是走向生活的另一个起点，放下并不意味着失败，而是另一个希望的诞生。

现在的放下是为了将来的得到，放下这个是为了得到那个。

放下更是一种美丽

学会放下，以求精神愉悦；学会放下，以求人格独立；学会放下，以求心理安全；学会放下，以轻装前进是我们每一个人都应修炼好的基本功。不能得到的，我们必须坦然地放下。

多年来，一直坚持看王小丫主持的《开心辞典》，觉得这个节目是个非常需要智慧与机遇的节目，因为每达成某个梦想后，挑战者都会面临两种选择：一个是继续，一个是放下。如果继续，结果会有两种：要么成功，圆了新的梦想；要么失败，又退回到起点。不进则退，不会让你保持原本取得的成绩。这种规则不但是游戏规则，也很像是我们的人生规则。

曾经有一次看《开心辞典》，答题人相当幸运，一路顺利地答到了第九题。他怀孕的妻子就在台下，而此时，去掉个错误答案、打热线给朋友、求助现场观众，他都用过了。答完第九题，当他把自己设定的家庭梦想都实现后，小丫微笑着问："继续吗？""不，我放下！"他干脆地回答。

我一愣，王小丫也一愣，我想在现场的观众以及在电视机前的观众也会一愣，因为很少有人会在这时候放下，全国观众都盯着你呢，怎能说放下就放下？别人又会怎样看待你的"退缩"呢？但他似乎心意已决，小丫连问了三次"真的放下吗？不会后悔？"他依然点头，坚定地说，真的放下，我不会后悔，因为应该得到的已经得到了。这样，他就只回答了9道题，没有冲向完美的终点。

另一位主持人李佳明又问："如果将来你的孩子问你，爸爸，那天你在《开心辞典》为什么放下了，你会怎么说？"他说："我会告诉孩子，人生不一定要走到最高点。"李佳明追问："那你的孩子如果说，我以后只考80分就满足了，你怎么说？"答题者微笑着回答："如果孩子觉得高兴，而且也付出了应该付出的努力，那么我认同！"

此言未落，台下已是掌声雷动。显然，大家都被他这种明朗的人生态度和宽广的胸襟打动了。在理智面前，适时地放下并不是退缩，而是一种冷静的智慧，一种成熟的象征。很多时候，成熟并不意味着你更加懂得去珍惜什么，而是你更加明白了适时放下的重要。有舍才有得，这是放下之美！

明白的人懂得放下、真情的人懂得牺牲、幸福的人懂得超脱！

对于爱情或者婚姻更有拿起与放下的艰难抉择，而这两者也是人心中天平上最重的那块砝码。放下是一种无奈，非常痛苦，但不乏是一种深沉的美，也不乏是一种智慧。因为，放下之后也许会得到更多。

缘生缘来，缘起缘落。两个原本陌生的人由于某根红线相识于美丽的空间，一切是那么美好。可美丽的梦都是容易破碎的，美好的只能远远地欣赏不能占为己有。

爱一个人，就是要他幸福、快乐，即使要选择放下！

当你想起每一次为他放下的一点一滴，放下某一个心仪已久却无缘的朋友，放下某种投入却得不到回报的事，放下某种心灵的期望，放下某种思想，或许你都会产生一种莫名的伤感，其实伤感并不可怕，因为这是一种告别与放下。

凡事不必太在意，更不需去强求，就让一切随缘。逃避，不一定躲得过；面对，不一定最难过；孤独，不一定不快乐；得到，不一定能长久；失去，不一定不再拥有。可能因为某个理由而伤心难过，但你却能找个理由让自己快乐，两个人不能快乐，不如一个人快乐；两个人痛苦，不如成全一个人的快乐。

放下了，快乐就不远了

佛家说："要眠即眠，要坐即坐"，这是多么自在的快乐之道啊！倘使你总是"吃饭时不肯吃饭，百种借口，睡眠时不肯睡，千般计较"，这样放不下，你又怎能快乐呢？

两个和尚一道到山下化斋，途经一条小河，两个和尚正要过河，忽然看见一个妇人站在河边发愣，原来妇人不知河的深浅，不敢轻易过河。一个年纪比较大的和尚立刻上前去，把那个妇人背过了河。两个和尚继续赶路，可是在路上，那个年纪较大的和尚一直被另一个和尚抱怨，说作为一个出家人，怎么背个妇人过河，甚至又说了一些不好听的言语。年纪较大和尚一直沉默着，最后他对另一个和尚说："你之所以到现在还喋喋不休，是因为你一直都没有在心中放下这件事，而我在放下妇人之后，同时也把这件事放下了，所以才不会像你一样烦恼。"

放下是一种觉悟，更是一种心灵的自由。

只要你不把闲事常挂在心头，你的世界将会是一片风光霁月，快乐自然愿意接近你。

其实，生活原本是有许多快乐的，只是我辈常常自生烦恼，"空添许多愁"。许多事业有成的人常常有这样的感慨：事业小有成就，但心里却空空的，好像拥有很多，又好像什么都没有，总是想成功后坐豪华邮轮去环游世界，尽情享受一番。但真正成功了，仍然没有时间、没有心情去了却心愿。因为还有许多事情让人放不下……

对此，台湾作家吴淡如说得好："好像要到某种年纪，在拥有某些东西之后，你才能够悟到，你建构的人生像一栋华美的大厦，但只有硬体，里面水管失修，配备不足，墙壁剥落，又很难找出原因来整修，除非你把整栋房子拆掉。你又舍不得拆掉。那是一生的心血，拆掉了，所有的人会不知道你是谁，你也很可能会不知道自己是谁。"

仔细咀嚼这段话，其中的味道，不就是因为"舍不得"吗？

很多时候，我们舍不得放下一个放下了之后并不会失去什么的工作，舍不得放下已经走出很远的种种往事，舍不得放下对权力与金钱的角逐……于是，我们只能用生命作为代价，透支着健康与年华。现代人都精于算计投资回报率，但谁能算得出，在得到一些自己认为珍贵的东西时，有多少和生命休戚相关的美丽像沙子一样在指掌间溜走？而我们却很少去思忖：掌中所握的生命的沙子的数量是有限的，一旦失去，便再也捞不回来。

庄子云："人生如白驹过隙。"哲人的结论难道不能使人有些启迪么？何不拿得起，放得下，想得开，做个快乐的自由人呢？

人生就要懂得放下

人来到世界上，本来就是赤条条的。于是我们不必担心什么，放下是一种你我都有的权利。懂得放下是人生的大智慧，适时地放下是自知与明智的美丽结晶。有选择，有放下，这才是完美的人生。

放下是一种开始。人生有太多的诱惑，不懂放下只能在诱惑的漩涡中丧生，人生有太多的欲求，不懂放下就只能任欲求牵着鼻子走，人生有太多的无奈，不懂放下就只能与忧愁相伴。

一位搏击高手参加锦标赛，自以为稳操胜券，一定可以夺得冠军。出乎意料的是，在最后的决赛中，他遇到一个实力相当的对手，双方竭尽全力出招攻击。当对方打到了中途，搏击高手意识到，自己竟然找不到对方招式中的破绽，而对方的攻击却往往能够突破自己防守中的漏洞，有选择地打中自己。

比赛的结果可想而知，这个搏击高手惨败在对方手下，也无法得到冠军的奖杯。

他愤愤不平地找到自己的师父，一招一式地将对方和他搏击的过程再次演练给师父看，并请求师父帮他找出对方招式中的破绽。他决心根据这些破绽，苦练出足以攻克对方的新招，决心在下次比赛时打倒对方，夺取冠军的奖杯。

师父笑而不语，在地上画了一道线，要他在不能擦掉这道线的情况下，设法让这条线变短。

搏击高手百思不得其解，怎么会有像师父所说的办法，能使地上的线变短呢？最后，他无可奈何地放下了思考，转向师父请教。

师父在原先那道线的旁边又画了一道更长的线。两者相比较，原先的那道线，看来变得短了许多。

师父开口道："夺得冠军的关键不仅仅在于如何攻击对方的弱点，正如地上的长短线一样，如果你不能在要求的情况下使这条线变短，你就要懂得放下从这条线上做文章，寻找另一条更长的线。那就是只有你自己变得更强，对方就如原先的那道线一样，也就在相比之下变得较短了。如何使自己更强，才是你需要苦练的根本。"

徒弟恍然大悟。

师父笑道："搏击要用脑，要学会选择，攻击其弱点，同时要懂得放下，不跟对方硬拼，以自己之强攻其弱，你就能夺取冠军。"

在获得成功的过程中，在夺取冠军的道路上，有无数的坎坷与障碍，需要我们去跨越、去征服。人们通常走的路有两条：一条路是学会选择攻击对手的薄弱环节。正如故事中的那位搏击高手，可找出对方的破绽，给予其致命的一击，用最直接、最锐利的技术或技巧快速解决问题；另一条路是懂得放下，不跟对方硬拼，全面增强自身实力，在人格上、在知识上、在智慧上、在实力上使自己加倍地成长，变得更加成熟，变得更加强大，以己之强攻敌之弱，使许多问题迎刃而解。

及时放下，放下得当，勇于放下。明天，你的太阳会在明朗的天空蓬勃升起；明天，你的人生花园有了赏心悦目的规划清理；明天，你家园的土地会有一片清静、和平旺盛生长的新气象。

放下，其实是一种新的开始。

有一种错误叫固执

过于固执就无法与人沟通，会使你处于孤立无援、举目无友的境地，最终导致怀疑自己的能力，甚至丧失自信。

有这样一则寓言：

有只乌鸦，口渴极了，可是附近没有水，只有一只被小孩丢弃的长颈小瓶，小瓶里盛有半瓶雨水。乌鸦伸过嘴去，可是瓶口很小，瓶颈很长，它喝不到。于是乌鸦想了一个办法，把一颗颗小石子投进瓶里去，这样，瓶里的水升高了，乌鸦很轻松地喝到了水。

这件事，后来被寓言大师伊索写进了寓言，传遍了全世界，乌鸦也因此出了名，自然扬扬得意。

这只乌鸦是个有名的旅游爱好者。有一次，它飞到一个村庄去看热闹，这儿正发生干旱，溪水完全干了，田里开了裂缝。它渴极了，可是四处找不到水喝。忽然，它在村子后面发现了一口井，低头往里面一看，井口小，井很深，但井底有水，模模糊糊地映照出它站在井洞上的身影。

它试着想飞下去，可几次都碰到井壁上，眼儿冒出金星，只好又回到井台上来。

忽然，它想到自己曾经"投石入瓶喝水"的光荣事迹，不禁高兴地叫道："哇！哇！我怎么把这经验忘了？"

于是它用嘴衔来一颗颗石子，都投到了水井里，谁知投了半天，井水仍然没有上来，树上的喜鹊说："喳喳！乌鸦先生，您别忙了，这是水井，不是您原先的那个长颈瓶子，怎么还是用那个老办法呢？喳喳！"

"你懂什么？哇哇！"乌鸦不屑地斜了喜鹊一眼，"我的方法是经过专家鉴定的，上过寓言作家的书本，到哪里都可以用，放之四海而皆准，怎么会'老'呢？哇！哇！"

乌鸦继续向井里投石子……

那结果，我想大家会想到的。

有一种错误叫固执，思维定式一旦形成，有时是很悲哀的。这就是我们要不断学习新知识、新观念的原因之一。形势在不断变化，必须关注这些变化并调整行为，一成不变的观念将带来毫无生机的局面。

有些人对于约定俗成的规则，通常都是严格遵循而不敢打破的。但如果你能对其多问几个"为什么"，就会发觉其中会有不可理解也没有必要再存在的陋规。事物总是不断发展变化的，如果一成不变地凭老经验办事，不注意发现新情况，就免不了会吃大亏。所以，一个人要想在学习或事业上有所成就，一定要适应环境变化以及具备适应新环境的能力，否则，对于新生事物觉察不到，最终会逐渐被环境所淘汰。

退后一步海阔天空

生活中有太多的事需要我们退一步，退一步才能拥有柳暗花明的豁然，退一步才能赢得海阔天空的豪迈，退一步才能摆脱只缘身在此山中的局限，退一步才能避免成为笼中之鸟的悲哀。

流水在奔流入海的途中需要退步绕行以冲出重围；运动员

在三级跳远之前需要退步助跑以跳得更远。所以，当你遇到困难时，退一步，或许你的人生会更加精彩。这条路虽然行不通，但是终究还可以再寻找另一条路。人生没有死胡同。

智者曰："两弊相衡取其轻，两利相权取其重。"趋利避害，这也正是放下的实质。

在欧洲有一首流传很广的民谚：为了得到一根铁钉，我们失去了一块马蹄铁；为了得到一块马蹄铁，我们失去了一匹骏马；为了得到一匹骏马，我们失去一名骑手；为了得到一名骑手，我们失去了一场战争的胜利。

为了一根铁钉而输掉一场战争，这正是不懂得及早放下的恶果。

生活中，有时不好的境遇会不期而至，搞得我们猝不及防，这时我们更要学会放下。放下焦躁性急的心理，安然地等待生活的转机。杨绛在《干校六记》中所记述的就是面对人生际遇所保持的一种适度的跳高。让自己对生活对人生有一种超然的关照，即使我们达不到这种境界，我们也要在学会放下中争取活得洒脱一些。

人之一生，需要我们放下的东西很多。古人云："鱼和熊掌不可兼得。"如果不是我们应该拥有的，我们就要学会放下。几十年的人生旅途，会有山山水水、风风雨雨，有所得也必然有所失，只有我们学会了放下，我们才能拥有一份成熟，才会活得更加充实、坦然和轻松。

比如，大学毕业分手的那一刻，当同窗数载的朋友紧握双手，互相轻声说保重的时候，每个人都止不住地泪流满面……放下一段友谊固然会于心不忍，但是每个人毕竟都有各自的旅程，我们又怎能长相厮守呢？固守着一位朋友，只会挡住我们人生旅程的视线，让我们错过一些更为美好的人生山水。学会放下，我们就有可能拥有更为广阔的友情天空。

放下一段恋情也是困难的，尤其是放下一段刻骨铭心的恋情。但是，既然那段岁月已悠然遁去，既然那个背影已渐行渐远，又何必要在一个地点苦苦地守望呢？不如冷静地后退一步，学会放下，一切又会柳暗花明。

放下一时，赢得一世

关键时刻，不要一味向前冲，要懂得以退为进的道理。

巧妙的退让，会有意想不到的收获。为人处世要有礼让的态度方显高明。与人方便，自己方便。让人也为自己日后留下方便的基础。

一个绅士过独木桥，刚走几步便遇到一个孕妇。绅士很礼貌地转过身回到桥头让孕妇过了桥。孕妇一过桥，绅士又走上了桥。走到桥中央又遇到了一位挑柴的樵夫，绅士二话没说，回到桥头让樵夫过了桥。

第三次，绅士再也不贸然上桥，而是等独木桥上的人过尽后才匆匆上了桥。眼看就到桥头了，迎面赶来一位推独轮车的农夫。绅士这次不甘心回头，摘下帽子向农夫致敬："亲爱的农夫先生，你看我就要到桥头了，能不能让我先过去。"农夫不干，把眼一瞪，说："你没看我推车赶集吗？"话不投机，两人争执起来。

这时，河面上浮来一叶小舟，舟上坐着一个胖和尚。和尚刚到桥下，两人不约而同地请和尚为他们评理。和尚双手合十，看了看农夫。问他："你真的很急吗？"农夫答道："我真的很急，晚了便赶不上集了。"

和尚说："你既然急着去赶集，为什么不尽快给绅士让路呢？你只要退那么几步，绅士便过去了，绅士一过，你不就可以早点过桥了吗？"

农夫一言不发，和尚便笑着问绅士："你为什么要农夫给你让路呢，就是因为你快到桥头了吗？"绅士争辩道："在此之前我已给许多人让了路，如果继续让农夫的话，便过不了桥了。"

"那你现在是不是就过去了呢？"和尚反问道："你既然已经给那么多人让了路，再让农夫一次，即使过不了桥，起码保持了你的风度，何乐而不为呢？"绅士满脸涨得通红。

人生旅途中，我们是不是有过类似的遭遇呢？其实给别人让路，也是在给自己让路啊！人生就应少一些争夺与计较之类的不良之举。因为它们会搅乱那美好的旅途。

记住，给人让路，也是给自己选择了一条路，这条路上到处充满友善与爱。

我们常常看到一些人为微不足道的小事恶语相向，这些人就是不懂忍让。忍让和退缩不是懦弱，而是一种刚强，是一种有效的以退为进的方法。它表面是软弱的退缩，实质是进攻，退是为了更好地进。

所谓物极必反，遇事若能先低头，然后以退为进，可能会有更大的收获。

有一位留学美国的计算机博士，毕业后在美国找工作，结果接连碰壁，许多家公司都将这位博士拒之门外。这样高的学历，这样吃香的专业，为什么找不到一份工作呢？万般无奈之下，这位博士决定换一种方法试试。

他收起了所有的学位证明，以一种最低身份再去求职。不久他就被一家电脑公司录用，做一名最基层的程序录入员。这是一份稍有学历的人都不愿去干的工作，而这位博士却干得兢兢业业，一丝不苟。没过多久，上司就发现了他的出众才华：他居然能看出程序中的错误，这绝非一般录入人员所能比的。这时他亮出了自己的学士证明，于是老板给他调换了一个与本科毕业生对口的工作。

过了一段时间，老板发现他在新的岗位上游刃有余，还能提出不少有价值的建议，这比一般大学生高明，这时他才亮出自己的硕士身份，老板又提升了他。

有了前两次的经验，老板也比较注意观察他，发现他还是比硕士生有水平，对专业知识认识的广度与深度都非常人可及，就再次找他谈话。这时他才拿出博士学位证明，并叙述了自己这样做的原因。此时老板才恍然大悟，毫不犹豫地重用了他，因为对他的学识、能力和敬业精神都很了解了。

你可以像那对性格刚直的农夫一样"执着"，也可以像那个博士一样懂得"退一步"的艺术。有的时候，一念之差就会带来天壤之别的结局。处世的智慧就在于你懂不懂得退一步海阔天空，不去做无谓的坚持。

输不起是人生最大的失败

每个人都希望无论何时何地都站在适合自己的位置，说着该说的话，做着该做的事。但不经过挫折磨炼的人是不可能达到这种境界的，人总要从自己的经历中汲取营养。所以，做人要输得起。

跳楼自杀的巨星张国荣，他有"上帝完美创造物"的美称，影歌双栖，成就非凡，也是人缘极佳的"好哥哥"，但纵使他有如此辉煌的成就和智能，却少了面对困难的思维，一切都只能化为云烟。

人生犹如战场。我们都知道，战场上的胜利不在于一城一池的得失，而在于谁是最后的胜利者。人生也是如此，成功的人不应只着眼于一两次成败，而是应该不断地朝着成功的目标迈进。当然，一两次的失败确实可能使你血本无归，甚至负债累累。

最要紧的是不应该泄气，而应该从中吸取教训。用美国股票大亨贺希哈的话讲："不要问我能赢多少，而是问我能输得起多少？"只有输得起的人，才能不怕失败。

每个人都该在40岁之前至少重重地失败过一次。这指的不是小小的失望，比如搞砸一项任务，也不是辞掉一份好工作，更不是被炒鱿鱼，一定要是很严重的失败。敢冒大险，才可能跌得重；跌得越重，以后才有可能爬得越高。

"wrong"的反义词不应是"right"，而是"learn"。你能够正视自己的"错误"以后，自然对他人也会变得宽容、有耐心。

生物学家说飞蛾在由蛹变茧时，翅膀萎缩，十分柔软；在破茧而出时，必须要经过一番痛苦的挣扎，身体中的体液才能流到翅膀上去，翅膀才能充实有力，才能支持它在空中飞翔。

一天，有个人凑巧看到树上有一只茧开始活动，好像有蛾要从里面破茧而出，于是他饶有兴趣地准备见识一下由蛹变蛾的过程。

但随着时间一点点地过去，他变得不耐烦了，只见蛾在茧里奋力挣扎，将茧扭来扭去的，但却一直不能挣脱茧的束缚，似乎是再也不可能破茧而出了。

最后，他的耐心用尽，就用一把小剪刀，把茧上的丝剪了一个小洞，可以让蛾出来容易一些。果然，不一会儿，蛾就从茧里很容易地爬了出来，但是那身体却非常臃肿，翅膀也异常萎缩，耷拉在两边伸展不起来。

他等着蛾飞起来，但那只蛾却只是跌跌撞撞地爬着，怎么也飞不起来，又过了一会儿，它就死了。

"不经历风雨，怎能见彩虹"，任何一种成功的获得都要经由艰苦的磨炼，"梅花香自苦寒来，宝剑锋从磨砺出"。任何投机取巧或妄图减少奋斗而达到目的的做法都是见识短浅的行为，那只飞不起来的飞蛾的经历就证明了这一切。

当然，我们不一定非要真正经历一次重大的失败，只要我们做好了认识失败的准备，"体验失败"一样能够带来刻骨铭心的教训，而那失败的起点比那些从来没有过失败经历的人要高得多，并且失败越惨痛，起点则越高。

只有惨烈地死过一回的人，才能获得更好的更为成功的新生。

第二章 放下包袱，你才能轻松从容

人生路坎坷的时日居多，升学、工作、晋级、成家等每一个环节都不可能一帆风顺，大部分时间都在负重而行，领导同事的误会、工作上的摩擦、生活上的不如意都是令人难过的源泉。这时候，人就得有负重而行的心理承受力，否则不够宽容，不够豁达，不会变通，最终会把自己逼入死角。放下包袱吧，生命之舟需轻载。

心似双溪舴艋舟，载不动许多愁

有一个人，他的性情并不是很开朗奔放，但他对待事情几乎从不见有焦躁紧张的时候，这并不是他好运亨通，而是他有一些与众不同的反应方式。比如，他被小偷扒走了钱包，发现后叹息一声，转身便会问起刚才丢失的身份证、工作证、月票的补办手续。一次，他去参加电视台的知识大赛，闯过预赛、初赛，进入复赛，正扬扬得意之时，却收到了复赛被淘汰的通知。他发了几句牢骚，随即又兴致勃勃地拜师学起桥牌来。

第二次世界大战期间，丘吉尔到北非蒙哥马利将军行辕去闲谈时，蒙哥马利将军说："我不喝酒，不抽烟，到晚上10点钟准时睡觉，所以我现在还是百分之百的健康。"丘吉尔却说：

"我刚巧跟你相反，既抽烟，又喝酒，而且从不准时睡觉，但我现在却是百分之二百的健康。"很多人都认为是怪事，丘吉尔这样一位身负第二次世界大战重要指挥官的重任、工作繁忙紧张的政治家，生活这样没有规律，何以寿登耄耋，而且还百分之二百的健康呢？

只要稍加留意就可知道，他健康的关键全在于有恒的锻炼、轻松的心情。毫无疑问，丘吉尔既抽烟又喝酒且不准时睡觉，这些并不足为训。但是我们是否知道，丘吉尔即使在战事最紧张的周末还去游泳，在战争白热化的时候还去垂钓，而且他刚一下台就去画画，估计很多人也没他那微皱起的嘴边斜插着一支雪茄的轻松心情吧！

我们不妨学着丘吉尔那样给自己的心情放个假吧！因为心灵是载不动许多愁的。每天晨起就给自己一个期望，当睁开眼睛之后，就想着我今天可以去做什么并把它完成。活得有目标，做起事来就会更有劲，对自己许下的心愿，任谁都会很乐意，并且很勤快地完成它。在工作的过程中，可以发觉乐趣、激发脑力，甚至有更佳的创意产生，这都是我们能力的展现及潜能的发挥，也是自我理想的实现。生命的意义并不一定是要建立在丰功伟业上，任何一点小小的成果，也同样可以显示出生命的价值。

人生的戏剧，我们自己是编剧、是导演、是演员。这出戏，我们想如何演，一切都掌握在自己的内心中。外在世界的舞台是否完美宽大，布景是否华丽美观，都不会影响我们的演出。因为，只要我们能打开心窗，天地、时空就是我们最佳的舞台，同时也是我们最华美的布景，在这样的情境中，我们应该尽心尽力地舞出生命的活力，歌咏出生命雄伟的乐章。

在现实生活中，要想使自己心情轻松，就必须遵循以下要诀：

1.知止

《大学》说："知止而后有定，定而后能静，静而后能安，安而后能虑，虑而后能得。"这句话的意思是知道应该达到的境界才能够使自己志向坚定，志向坚定才能够镇静不躁，镇静不躁才能够心安理得，心安理得才能够思虑周详，思虑周详才能够有所收获。

2.谋定而后动

做任何事情，要先有周密的安排，安排既定，然后按部就班地去做，能应付自如，就不会忙乱了。在瞬息万变的社会里，当然免不了也会出现偶发事件，此时更要沉住气，详细而镇定地安排。事事要谋定而后动，就能像中国史书中的谢安那样在淝水之战最紧张的时刻还能闲情逸致地下棋了。

3.不做不胜任的事情

要有自知之明，不做不能胜任的事情。假如我们身兼数职，却顾此失彼，又有何快乐可言呢？或者用非所长，心有余而力不足，心情又怎么会轻松呢？

4.放松自己的心情

现代的人们，无疑承受了越来越大的压力。尽管如此，但心情仍须轻松。在你肩负重担的时候，千万记住要哼几句轻松的歌曲。在你写文章写累了的时候，不妨高歌一曲。要知道心情越紧张，工作就越做不好。

一个口吃的人，在悠闲自在地唱歌时也不会口吃；一个上台演讲就脸红的人，在与爱人谈心时会娓娓动听。要想身体好，工作好，就一定要在轻松的心情下工作。

5.多留出一些富裕的时间

好多使我们心情紧张的事，都因为时间短促，怕耽误事。若每一件事都多留出些时间来，就会不慌不忙，从容不迫了。最好的办法就是把自用表拨快一定的时间。时时刻刻用表面上的时间警惕自己，如此则既不误事，又可轻松。

一个心情经常轻松的人沾枕头就能睡着，一个心情经常紧张的人容易失眠，一个永远从容不迫的人准能长寿，一个紧锁眉头、经常紧张的人身体肯定不会健康。给心情放个假，你便会时时感到快乐，无忧无虑。

因为人生不简单，所以我们要简单

感恩生活，做自己喜欢的工作，累些又有什么关系？生活没那么简单，我们要在复杂的生活中让自己过得简单些。

在这个纷繁复杂的社会中，我们感到实在活得太累了。一道道人生难题摆在我们的面前，需要我们去破译，去求证，去解答，去挣扎。一个人的智慧和力量毕竟是有限的，面对一张张生活的大网和一团团人生的乱麻，我们往往显得力不从心，甚至有一种贫血的感觉。

其实，人生本来有很多种选择，也有很多种活法，但我们往往过于追求完美，把原本很简单的事情搞得复杂化，因而常常被弄得很苦、很累、很浮躁。譬如说，本是相互平等，却非要仰人鼻息、察人脸色、揣人心事，日子过得诚惶诚恐、没滋没味。本来是很容易处理的一件事，却总是谨慎有余，小心翼翼，生怕因此触动了那张敏感的关系网。一次又一次，面临人生途中的一些选择，我们本不需要动太多脑筋，却非得瞻前顾后、左顾右盼一番不可，结果丧失了最佳时机，到头来后悔不迭。

人的社会性决定了每个个体生命都要经历一定的人和事，这就要求我们必须有正常的心态和驾驭生活的能力。其实，这个世界并不复杂，复杂的是人自己本身，只要我们心想得简单一些，生活的天空便一片明媚。

在是非面前，我们不妨简单一些。人上一百，形形色色，个中是非众人自有公论，道德自有评价。对此，我们不必去理会谁在背后说人，谁在人前被人说，也不必理会谁投来的一抹轻蔑，谁投过来的一瞥白眼。对那些微妙的人际关系，不妨视而不见、充耳不闻，排除一切有形或者无形的干扰，不必计较自己是吃了亏还是占了便宜。

对待得失，我们不妨也简单一些。生活对每个人都是公平的，有得就有失，有失就有得。只要拥有一颗平常心去善待生活中的不平事，与世无争，知足常乐，少一分嫉妒，多留一些时间和精力做自己喜欢的事，命运的光环自然会降落在你的头上。不去斤斤计较，你走你的阳关道，我过我的独木桥，你有你的活法，我有我的活法，眼睛里何必揉进一颗难受的沙子。抛去名利，放开权欲，用简单的心走过自己轻松而快乐的人生。若干年后，当我们回味起来，就不会感到寂寞，不会牢骚满腹、怨天尤人。

此外，在待人处世方面，我们也不妨简单一些。我们总是生活在一定的社会环境中，每天都要和各种各样的人打交道。对家人、对同事、对邻居、对朋友，其交往的程度还是平淡一点儿好。脱去一切伪装，善于真诚待人，相互宽容，相互帮助，心灵不设防，不要两重人格，有快乐共同分享，有困难共同分担，人与人之间就会架起一座理解与信任的桥梁，人间的真情就会开出绚丽的花朵。

生活是丰富多彩的，如晴空，如白云，如彩虹，如霞光，只要我们以简单之心去面对复杂的世界，生活的琼浆便会汩汩而出，酿造出最甜最美的生活之汁。

活得简单些，这就是人生的最深内涵。

简单不是粗陋，不是做作，而是一种真正的大彻大悟之后的升华。

现代人的生活太复杂了，到处都充斥着金钱、功名、利欲的角逐。被这样复杂的生活所牵扯，我们能不疲惫吗？

梭罗有一句名言感人至深："简单点儿，再简单点儿！奢侈与舒适的生活实际上妨碍了人类的进步。"他发现，当他生活上的需要简化到最低限度时，生活反而更加充实。因为他已经无须为了满足那些不必要的欲望而使心神分散。

简单地做人，简单地生活，想想也没什么不好。能在灯红酒绿、推杯换盏、斤斤计较、欲望和诱惑之外，不依附权势，不贪求金钱，心静如水，无怨无争，拥有一份简单的生活，不也是一种很惬意的人生吗？毕竟，你用不着挖空心思去追逐名利，用不着留意别人看你的眼神，没有锁链的心灵，快乐而自由，随心所欲，该哭就哭，想笑就笑，虽不能活得出人头地、风风光光，但这又有什么关系呢？

生活未必都要轰轰烈烈，"云霞青松作我伴，一壶浊酒清淡心"，这种意境不是也很清静自然，像清澈的溪流一样富有诗意吗？生活在简单中自有简单的美好，这是生活在喧嚣中的人所渴求不到的。东晋陶渊明似乎早已明了其中的真意，所以有诗云："结庐在人境，而无车马喧。问君何能尔？心远地自偏。采菊东篱下，悠然见南山。山气日夕佳，飞鸟相与还。此中有真意，欲辩已忘言。"简单的生活其实是很迷人的：窗外云淡风轻，屋内香茶萦绕，一束插在牛奶瓶里的漂亮水仙，穿透洁净的耀眼阳光，美丽地开放着；在阳光灿烂的午后，你终于又来到了年轻时的山坡，放飞着童年时的风筝；落日的余晖之中，你静静地享受着夕阳下清心寡欲的快乐……

简单是美，是一种高品位的美。

当忘则忘，人生才洒脱

美国白涅德夫人曾经写过一本《小公主》，里面的主人公莎拉曾经是一个富家女，但她的爸爸突然死去，还破了产，只留下她这个 10 岁的小女孩。她的生活从天堂掉到地狱，每天都要干脏活、累活，还要忍受别人的讥讽和嘲笑。但她依然很快乐，她接受了这个事实，并且幻想有一天幸福会降临，从而忘记了痛苦和屈辱。当我们在面对这样的环境的时候，我们是不是也应该这样呢？

　　人们总是希望自己活得快乐一点儿、洒脱一点儿，可是身处尘世，放眼四周，却常常会有人说自己并不快乐，被一种不可名状的困惑和无奈缠绕着。我们为什么不快乐呢？一个重要的原因就是我们没有学会遗忘。

　　在日常生活中，在人生路途上，我们所欣赏到、所见到的不全是让我们愉悦而开心的风景，还会遇到种种的挫折和不幸，有些甚至是致命的打击。因此，我们要学会遗忘，对于我们来说，遗忘是一种明智的解脱。一次不该有的邂逅，一场无益身心的游戏，一次不成功的使人失魂落魄的恋爱，一场让人丢失进取心的空虚幻想，这些都是我们应该从记忆的底片上必须抹去的镜头。因为我们还在人生路途上行走，我们所追求的事业、目标在前方不远处，我们刻意遗忘是为了使自己更好地赶路，使我们走得更加轻松。

　　人们常常为了名利将自己弄得疲惫不堪，为此将他人对待自己的种种误解铭记于心，对别人的轻视耿耿于怀。于是，本打算给自己营造一个轻松愉悦的天地，却不料到头来反而给自己套上一个又一个精神枷锁，心里的那片蓝天在不知不觉中抹上了灰色，伴随着成长的足迹深植于心，在不经意中折磨摧残着自己。这时我们真的需要一点遗忘的精神。忧心忡忡的你不妨到大自然中去体会自然的神韵，净化你的心灵，化解你的悲苦，遗忘你应该遗忘的那些东西。

　　遗忘在某种程度上也是一种宽容的体现。作为一个普通人，也许你并没有获得人生中所谓的辉煌，也许你遭受了不应有的嘲讽和轻视，但你不必为此而苦恼，你完全可以潇洒地把它们忘掉。因为，你如果为这些烦事所忧，就永远休想获得人生的辉煌。每个人都需要有一个心灵的空间去反思自己，在这个空间里，学会遗忘可以让你感受到自己的空间清澈了许多，让琐事像漂浮物一样远离我们而去，沉淀下来的是我们对生活智慧的领悟。

　　学会遗忘，这并不是一件容易的事，有许多你想忘也忘不掉的悲伤、痛苦、耻辱，它们是那么刻骨铭心。我们要以一颗平常心去对待痛苦，既然已经发生了，就应该去接受它，再忘掉它，不要为你的生活添上许多不必要的烦恼。学会遗忘吧，遗忘该遗忘的，留给自己一个清新宁静的生存空间，便会感受到欲上青天揽日月的宽阔心怀。

　　我们只有学会遗忘，生活才会更加美好，如果一个人的脑子里整天胡思乱想，把没有价值的东西也记在头脑中，那他或她总会感到前途渺茫，人生有太多的不如意，更无快乐可言。所以，我们很有必要对头脑中储存的东西给予及时清理，把该保留的保留下来，把不该保留的予以抛弃，用理智过滤去自己思想上的杂质。只有清空大脑，善于遗忘，才能更好地保留人生中最美好的回忆。

　　忘记需要选择，有些人、有些事在你的一生中是无法忘怀的，也不该忘怀。

　　曾经有这样一个故事：三个好朋友在一起旅行。三人行经一处山谷时，甲失足滑落，幸而乙拼命拉他，才将他救起。甲于是在附近的大石头上刻下了："某年某月某日，乙救了甲一命。"三人继续走了几天，来到一处河边，甲跟乙为一件小事吵起来，乙一气之下打了甲一耳光。甲跑到沙滩上写下："某年某月某日，乙打了甲一耳光。"当他们旅游回来后，丙好奇地问甲为什么要把乙救他的事刻在石上，将乙打他的事写在沙上？甲回答："我永远都感激乙救我，我会记住的。至于他打我的事，我只想随着沙滩上字迹的消失而忘得一干二净。"这个故事告诉我们，牢记别人对你的帮助，忘记别人对你的不好，这才是做人的本分。

　　许多人喜欢这样一首白话诗："春有百花秋有月，夏有凉风冬有雪。若无闲事挂心头，便是人间好时节。"记住某些事、某些人，忘记某些事、某些人，记住该记住的，忘记该忘记的，洒脱人生，心无挂碍，你便会觉得生活是如此美好。

第三章　放下计较，
快乐的人生等待着你

不计较是一种优秀的品质。因为它是一种宽容、一种真诚、一种智慧、一种远见，也是一种责任，而你也将因此获得快乐、幸福、人气、机遇、成功与财富！放下计较吧，你的人生将充满快乐。

快乐的人，往往是很少计较的人

计较是人性的缺点。它让我们失去太多宝贵的东西。一个快乐的人，不是他（她）拥有的东西多，而是他（她）计较得少；一个事事都计较的人，他（她）失去的不仅仅是快乐，还有更珍贵的东西。

当你与金钱计较的时候，金钱也会与你斤斤计较，所以我们要看得开。只有当你不是为金钱而活着的时候，你才可能获得更多的钱——金钱仅仅是成功的附属品而已。

当你与他人斤斤计较的时候，别人也就与你斤斤计较。做人不要太计较，要努力改变自己，努力喜欢你周围的每一个人，这样别人才会喜欢你。

一个喜欢周围所有人的人，一定是宽容、善良、厚道、正直、向上的人。喜欢别人的同时，你也可以改变自己的性格，你就会发现自己越来越厚道、善良、正直、阳光，变得很容易与别人接近。

假如你是一位家长，同样你要给孩子做出榜样，不可以随意放纵自己，不可以教坏孩子还去指责孩子。在你要求孩子做的时候，自己也要严格要求自己。

假如你是一位领导，你要全面地考虑问题，你要严格地要求自己，率先垂范，这样才有资格去要求别人。

假如你已结婚，同样的家庭责任在你的肩上，你首先必须去做好，尽到自己应尽的家庭责任，否则你无权指责对方。

只有这样，我们才能变得比较快乐。与朋友的相处也是一样，千万不要斤斤计较。

朋友之间，有时为"谁付出多了，谁没有付出"而发生争执和冲突是正常的，关键看你如何处理，千万不要过于计较，一计较就像一盘菜里落进了灰尘，那就难吃了，所以吵归吵，不能老是抓着问题不放。头一天争了几句，第二天见面就应该好像前一天没有发生争吵一样，尽可能改变话题，而不要接着昨天的话题继续争个高低。

《圣经》里有这样一个故事：

一个园主，清晨出去为自己的葡萄园雇工人。他与工人议定一天一个"德纳"就派他们到葡萄园里去了。

约在第三时辰，他又出去，看见另外有些人在街上闲立着，就对他们说："你们也到我的葡萄园里去吧！一天我给你们一个'德纳'。"他们就去了，约在第六和第九时辰，他又出去，也照样做了。

约在第十一时辰，他又出去，看见还有些人站在那里，就对他们说："为什么你们站在这里整天闲着？"那些人对他说："因为没有人雇我们。"他对他们说："你们也到我的葡萄园里去吧！"到了晚上，葡萄园的主人对管事人说："你叫他们来，分给他们工资，由最后的开始，直到最先的。"

那些约在第十一时辰来的人，每人领了一个"德纳"。那些最先雇来的，心想自己必会多领，但他们也只领了一个"德纳"。他们一领到钱，就抱怨主人，说："这些最后雇的人，不过工作了一个时辰，而你竟将他们与我们这些整天受苦受热的同等看待，这公平吗？"他答复其中的一个说："朋友！我并没有亏待你，你不是和我议定了一个'德纳'吗？拿你的走吧！"

是啊，这是提前约定好的啊！所以就不要过分斤斤计较了。如果你过于执着于这一点，那么你就很难找到快乐。我们对自己应该要求严一点儿，对别人应该多理解一点儿，你得到的也许是更多的理解、尊重、幸福和快乐，你的生活也将充满阳光。

流言蜚语，漠然置之

哲人有一句话说得好，"棍棒、石头或许会击伤你的肋骨，但语言无法伤害我"。总之，对于流言蜚语和议论，我们大可不必放在心上。有一句话曾经非常流行：走自己的路，让别人去说吧！心理学家对此有科学的解释，他们认为，大多数情绪低落、不能适应环境者，都是因为缺乏自知之明。他们自恨福浅，又处处要和别人相比，总是梦想如果能有别人的机缘，便将如何如何。其实，只要能客观地认识自己，就能走出情绪的低谷，激发出超越的激情来。可以说，那些令无数人羡慕不已的成功人士，他们之所以能够取得伟大的成就，正是因为能够超越大多数人的标准，不为别人的评价所左右。

美国著名企业家迈克尔在从商之前，只是一家酒店里的普通服务生，他每天的工作也就是替那些有钱人搬行李、擦汽车。不过，年轻的迈克尔并没有像他的同事们那样甘于平庸。

有一次，一位客人将他的豪华的劳斯莱斯轿车停放在酒店门口，吩咐迈克尔将车擦干净。当时的迈克尔还是一个没有见过多少世面的毛头小子，他还是第一次看到这么漂亮的汽车，所以，等擦完车子之后，他忍不住打开车门想要坐上去享受一番。谁知就在他屁股还没坐稳的时候，酒店领班正好走了过来，领班一看到迈克尔竟然坐在客人的轿车里，便大声呵斥道："你疯了吗？也不知道自己的身份和位置，像你这种人，一辈子也不配坐劳斯莱斯！"

迈克尔虽然知道自己犯了错，可是他感觉到自己的人格受到了污辱，他当时只有一个念头：我发誓，这一辈子不仅要坐上劳斯莱斯，而且要拥有自己的劳斯莱斯！

信念的力量就是这样的强大，至少是在这种力量的鼓舞下，迈克尔后来并没有像其他同事一样一直替人搬行李、擦车，最多做一个领班，而是拥有了自己的事业，当然也拥有了自己的劳斯莱斯。

让我们再来看一看下面的这些案例：

爱因斯坦4岁才会说话，7岁才会认字。老师给他的评语是"反应迟钝，不合群，满脑袋不切实际的幻想"。他因此曾被劝退学。

牛顿在小学的成绩一团糟，曾被老师和同学称为"呆子"。

罗丹的父亲曾抱怨自己生了个白痴儿子，在众人眼中，罗丹曾是个没有前途的学生。艺术学院考了三次他还考不进去。

托尔斯泰读大学时，因为成绩太差而被劝退学。老师认为："他既没读书的头脑，又缺乏学习的兴趣。"

试想，如果这些人后来不是"走自己的路"，而是被别人的评论所左右，他们又怎么能取得举世瞩目的成就呢？

现实中，每个人都在不断地检视着自己的特性和特质，包括许多与生俱来的、根本改变不了的，比如身材、身高、性别、五官、种族和文化传承、年龄、才华及智商，等等。然而，别人的评价说到底不能判定你的现在，更不可能预测你的未来，因为只有你自己才真正了解你的优点和弱点，也只有你才能掌握自己的未来，除此之外，别人都不可能真正左右你。从这一点上讲，你需要不断为自己打分，并且实事求是地评价自己，而绝不能有自卑的心理。

凡事都要计较，不累吗

人生的幸福不在于得到的多，而在于索取的少。凡事斤斤计较的人看似得到的比别人多，其实再多又有何用？当你离开这个世界的时候，还不是孑然一身，争来争去的无非是一些微不足道的事物而已。

曾经有一年轻人脾气非常不好，动不动就与人打架，因而人们都很讨厌他。

一日，这个年轻人无意中游荡到了大德寺，正遇到一休禅师在讲佛法，听完之后异常懊悔，决定痛改前非，并且对一休禅师说："师父！今后我再也不与别人打架斗口角了，即使人家把唾沫吐到我脸上，我也会忍耐着拭去，默默地承受！"

"就让唾沫自干吧，别去拂拭！"一休禅师轻声说道。

年轻人听完，继续问道："如果拳头打过来，又该怎么办呢？"

"一样呀！不要太在意！只不过一拳而已。"一休禅师微笑着答道。

那个年轻人实在无法忍耐了，便举起拳头朝一休禅师的头打去，继而问道："现在感觉怎么样呢？"

一休禅师一点儿也没有生气，反而十分关切地说道："我的头硬如石头，可能你的手倒是打痛了！"

年轻人无言以对，似乎对禅师言行有所领悟。

一休禅师的境界确实了得，可能很多人很难做到这些。我们生活在红尘之中，大度包容的心还是不可缺少的。如果一个人气量狭小，遇事斤斤计较，那么在生活中就会处处碰壁，烦恼无限。假如能以实际行动理解、包容别人，那么你也会得到别人的理解和包容的。

凡事不要斤斤计较这种道理，如果仅是从理论的角度来说明可能会让人觉得晦涩、高深，在此我们还是以工作中发生的一些具体事情来加以说明。

职场上常常有这样一种员工，他们斤斤计较自己的得失，为了一点儿小小的利益就与同事争破头皮，从来不肯吃一点儿小亏。而他们似乎也因为自己的"聪明"而获利不少：比如公司给员工发放一批福利品，最后剩下一件，某个精明的职员就会跳出来，以某种借口将其据为己有，而其他同事也不好意思说什么；又或上司分给部门一个临时任务，这个员工一看任务有些麻烦，便借故推给其他同事，自己则一身轻松……

这样的精明，表面上看起来似乎十分实用，实际上正是与同事相处中的一大禁忌。因为，在与同事相处的过程中，最怕的就是太过认真仔细、斤斤计较。相反，如果能够在与同事相处时做到宽容别人，那么就没有处理不好的同事关系，没有化解不了的恩恩怨怨。

不同的生活经历、不同的兴趣爱好、不同的文化背景和性格，由不同的人组合在一起，形成了一个个或大或小的集体。在这样的环境里要营造和谐的人际关系，对于每一个人来说，都是一个无法回避的问题。

如果你非要认真计较的话，每天你随便也可以找到四五件生气的事情。如被人诬陷、因同事犯错而受连累、遭人冷言讥讽等。有人不即时发作，却暗自把这些事情记在心里，伺机报复，但这种仇恨心理，不单无法损害对方分毫，更会影响自己的情绪，自食其果。

在这个问题上，有些人处理得好，有些人处理得不好。于是我们经常可以看到，有些人受人欢迎，在职场中如鱼得水，有些人却四面树敌，很难融入集体之中。为什么会造成这样的情况呢？

原因多种多样，归根结底就是，不同的为人处世原则导致了不同的同事关系的产生。有些人在与同事相处中，"利"字当头，什么亏都不能吃，什么便宜都想占，工作拣轻的干，待遇往高处要，看别人时戴着显微镜，高标准，严要求，对自己就总是网开一面、另当别论。这样的人怎么会招人喜欢？又怎么能拥有和谐的同事关系呢？

相反，如果能够做到严格要求自己，在工作中与他人积极配合，在生活中与人为善，以宽阔的胸怀待人处世，以严格的标准要求自己，不为一点点的蝇头小利与同事计较，这样的人怎么能不处处受到同事佩服和欢迎呢？

所以，在与同事相处中还是要本着"宽以待人、胸怀大度"的原则，尽量不要与同事计较琐碎的利益，要目光长远，宽容大度，才能有所作为，同时也能为自己和同事营造出一个良好的工作氛围。

计较得与失，快乐人生的禁忌

现在很多人活得特别不快乐，究其原因就是在于总是计较得与失，给自己增加了很多烦恼。快乐真的很简单，只要你不去计较。

王老师心理诊所曾经接待了这样一个人，有一天他气势汹汹地跑来问王老师："你不是说付出是快乐的吗？我付出了，为什么我不快乐？"她讲了一些令她生气的事：她和一个朋友工作在同一处，她们几乎每天在一起。她们在一起的每一天每一件事都是她在付出，一起吃饭，是她埋单；一起购物，是她结账。她的东西，只要她的那个朋友喜欢就会拿走，不理会她是否同意。

听到这个人的叙述，觉得非常可笑。如果你在付出的时候不是心甘情愿，那就请你不要去做，何必要在事情发生后才抱怨呢？我们常用两肋插刀来形容朋友，既然插刀都可以了，一点点的付出又何必计较呢？难道这不是自己给自己找烦恼吗？

　　有些人做人、做事太过于精明和斤斤计较，名利地位、金钱美色样样都想拥有，都不肯放手。殊不知，这样的生活会过得非常累，让你有一种喘不过气来的感觉。反之，什么都不计较，什么都马马虎虎，什么都可以凑合，那这样的人生也不行，反而没有什么追求。聪明的人、有生活智慧的人，会有所为有所不为，只计较对自己最重要的东西，有取有舍，收放自如，所以他们通常活得比平常人更快乐一些。

　　苏格拉底便是这样一种人。苏格拉底是单身汉的时候，和几个朋友挤住在一间只有8平方米的房子里，连转个身都很困难，可是他一天到晚总是开开心心的。别人对此甚是不解。曾经有人问他："你这连住的地方都不好，怎么还这么高兴呢？"苏格拉底却说："因为有朋友啊。"在他的心里，他觉得和朋友们在一起，随时可以交换思想、交流感情，是一件很快乐的事情。

　　后来，朋友们纷纷成家了，先后搬了出去，只剩下苏格拉底一人了，但他每天仍然很快活。这下大家又不明白了。怎么只剩下他一人还能这么快活。他说："因为我有好多书啊，一本书就是一个老师，每天都能向它们请教，是一件很快乐的事情。"

　　几年后，苏格拉底也成了家。住在七层楼的最底层，属最差的地方，不安全，也不卫生，经常有人往下面泼污水，乱扔臭袜子什么的。可他却不在乎，依然喜气洋洋，并坚持认为住在一楼有诸多的好处，比如进门就是家，不用爬楼梯，搬东西方便，朋友来访也很方便，还可以在空地上养养花。一年后，因为一个偏瘫的朋友上楼不方便，苏格拉底就与他互换了房间，住到了楼房的最高层。同样的，他觉得很开心、很满意。因为爬楼梯可以锻炼身体，住在高层光线好，可以很安静地看书写文章。

　　这就是苏格拉底的快乐生活。

　　乡村有一对清贫的老夫妇，有一天他们想把家中唯一值点钱的一匹马拉到市场上去换点更有用的东西。老头子牵着马去赶集了，他先与人换得一头母牛，又用母牛去换了一只羊，再用羊换来一只肥鹅，又把鹅换了母鸡，最后用母鸡换了别人的一大袋烂苹果。

在每次交换中，他都想给老伴一个惊喜。

当他扛着大袋子来到一家小酒店歇息时，遇上两个英国人。闲聊中他谈了自己赶集的经过，两个英国人听得哈哈大笑，说他回去准得挨老婆子一顿揍。老头子坚称绝对不会，英国人就用一袋金币打赌，二人于是一起跟老头子回到家中。

老太婆见老头子回来了，非常高兴，她兴奋地听着老头子讲赶集的经过。每听老头子讲到用一种东西换了另一种东西时，她都充满了对老头的钦佩。

她嘴里不时地说着："哦，我们有牛奶了！"

"羊奶也同样好喝。"

"哦，鹅毛多漂亮！"

"哦，我们有鸡蛋吃了！"

最后，听到老头子背回一袋已经开始腐烂的苹果时，她同样不愠不恼，大声说："我们今晚就可以吃到苹果馅饼了！"

结果，英国人输掉了一袋金币。

由此可见，不计较的人生是多么快乐。

人生至高的境界是豁达

豁达是一种至高的人生境界，是一种高尚的道德修养，是一种优秀的传统美德。豁达是原谅可容之言、包涵可容之人、饶恕可容之事，时时宽容，事事忍让。只有这样才能让自己达到宠辱不惊的境界，创造安宁的心境。

豁达是一种情操，更是一种修养。只有豁达的人才真正懂得善待自己，善待他人，生活才充满快乐。

有这样一个故事：一个身经百战、出生入死、从未有畏惧之心的老将军，解甲归田后，以收藏古董为乐。一天，他在把玩最心爱的一件古瓶时，差点儿脱手，吓出一身冷汗，他突然若有所悟："当年我出生入死，从无畏惧，现在怎么会吓出一身冷汗？"片刻后，他悟通了——因为我迷恋它，才会有忧患得失之心，破除这种迷恋，就没有东西能伤害我了，遂将古瓶掷碎于地。

据说一位店主的年轻帮工总是迟到，并且每次都以手表出了毛病作为理由。于是那位店主对他说："恐怕你得换一个手表了，否则我将换一位帮工。"这话软中带硬，既保住了对方的面子，又严厉地指出了对方的过失，这样比较易于让对方接受。

豁达才会赢得拥戴，一个领导者必须有大度的心胸，才能容下形形色色的下属、各种人的脾性和工作中的各种压力，站在自己事业的高处。

一位德高望重的长者在寺院的高墙边发现一把座椅，他知道有人借此越墙到寺外。长老搬走了椅子，凭感觉在这儿等候，午夜，外出的小和尚爬上墙，再跳到"椅子"上，他觉得"椅子"不似先前硬，软软的，甚至有点儿弹性。落地后小和尚定眼一看，才知道椅子已经变成了长老，原来他跳在长老的身上，是长老用脊梁来承接他的。小和尚仓皇离去，这以后一段日子他诚惶诚恐地等候着长老的发落。但长老并没有这样做，压根儿没提及这"天知地知你知我知"的事。小和尚从长老的宽容中获得启示，他收住了心再没有去翻墙，而是通过刻苦的修炼成了寺院里的佼佼者。若干年后，他成为这座寺院的长老。

无独有偶，有位老师发现一位学生上课时，时常低着头画些什么。有一天，他走过去拿起学生的画，发现画中的人物正是龇牙咧嘴的自己。老师没有发火，只是憨憨地笑了笑，要学生课后再加工一下，画得更神似一些。自此，那位学生上课时再没有画画，各门课都学得不错，后来他成为颇有造诣的漫画家。

通过上面的例子，我们可以归结出一点：主人公以后的有所作为，与当初长老、老师的宽容不无关系，宽容是一种无声的教育，可以说是宽容唤起的潜意识纠正了他们的人生之舵。

如果长老搬走椅子对小和尚施以惩罚，"杀一儆百"也是合情合理的，小和尚也许会从此收敛，但可能不会真正地反省。同样，如果老师对学生的恶作剧大发雷霆并且狠狠地加以批评，可能学生以后再也不敢在课堂上干别的事情了。但是，在学生的心中会留下伤痕，可能谈不上后来的成就了。

在日常生活中，当有人在背后传播你的谣言，或是说你的坏话时，你是想找机会报复他，还是不与他争执，宽容他呢？当你的亲戚或挚友有意无意地做了对不起你的事，你是与他从此绝交，还是默默承受来宽容他呢？如果你是一个处事冷静的人，那么你应该选择宽容，这样的选择对自己、对他人都有好处。因为宽容不仅可以使自己从仇恨与烦恼中解放出来，天天都有好心情，还可以让自己的身体因放松而健康，更能让我们在和谐中交际，拥有一个好人缘儿。

第四章 放下钱财，
树立正确的物质观

钱不是我们生活的全部，生活中还有许多远比钱更有意义的东西值得我们去追寻，比如爱情、友谊、健康……有句话说得好："能用钱买来的都不贵。"不要让钱挡住我们的眼睛，不要让钱成为套住我们心灵的枷锁。不贪钱财，建立正确的金钱观。我们要切记，钱乃身外之物，生不带来，死不带去，如果连生命都丢了，钱再多又有何用？

对于钱财，你的态度应这样

大多数人喜欢在收入增加时买些奢侈品。而穷人和富人在这点上的区别在于：富人是在最后才买奢侈品，而穷人和中等收入的人会先买奢侈品。那些总有钱的人，能长期富有的人是先建立他们的资产，然后才用资产所产生的收入购买奢侈品，穷人和中等收入的人则是用他们的血汗钱和将留给孩子们的遗产购买奢侈品。

多数人最初容易犯的错误，是在扣除所得税之前的工资总额上打主意。首先，要将扣税前的工资全部忘掉，而将意识集中于扣税后的净收入。将按月开支的必要经费写下来，再从所剩的月收入中减除，剩下的部分就可视为自由使用的收入。这一剩余部分的处理方法有两种：可以花费掉全额，也可储存一部分。一般来说，每月必须得有的花销、房租以及分期付款住宅的还贷、水电费、伙食费等，都可以从收入中加以支付。卷入麻烦的支出，大致都是这些基本的必要经费之外的。

对多数人而言，事实上是一种诅咒的便利，就是信用卡，它是导致冲动性购买的主要原因。

仅将一周内可以使用的现金带着上街，不失为一种预防过度消费的便捷方法。尝试一下在一个月的时间里将所有的信用卡收起来，仅用现金支付怎么样？拿着现金去玩乐，有现金时才去购物，其实并没有什么不妥。拿现金跟当今社会中动辄将人不知不觉地引向破产的信用卡比起来，自己破产的程度就会大大地降低，这是不争的事实。

尽量避免为打发时间而到百货公司或购物中心闲逛，并且少看广告，减少不必要的购买欲望。如此一来，你会很惊讶地发觉自己的心思已不在物质上打转，而专注于美好持久的事物上，对人、理想与工作更加投入。

真正的大支出必须作为大问题加以重视。

当然，我们对金钱、财物和成功三者的关系，必须持有一个均衡的看法。大部分的成就非凡之士都认为，金钱并非是判定他们成功的重要标准，相反，高收入及荣华富贵被视为成功的副产品，并非获得成功的原因。

有一点我们应该明白，财富并不是指人能赚多少钱，而是你赚的钱能够让你过得多好。有的人恐怕要问："这有什么差别呢？我赚的钱越多，就能够负担越多的东西，我的生活当然也越好了。"但其实并不然，通常你会发现，赚得越多就花得越多，所付出的牺牲也越多，这一点很多人都有体会。

如果你要拥有财富，第一件事得先学会如何依自己的意愿去生活，也就是如何控制你的开销。赚 500 元，花 400 元，会带给你满足；如果赚 500 元，却花了 600 元，那生活就悲惨了。也就是说，当你的开销大于收入的时候，就表示你将会有麻烦了。

生活离不开钱财，但钱财不是生活的全部

没有金钱是万万不能的，但金钱也并非是万能的。比如人类的亲情，恋人之间的真挚美好情感，是再多的金钱也买不到的；用金钱买来的情感，是会随时跟随金钱的消失而消亡的，更何况是生命呢？

一个黄昏，静静的渡口来了四个人，一个富人，一个当官的，一个武士，还有一个诗人。他们都要求老船公把他们摆渡过去。老船公捋着胡子："把你们的特长说出来，我就摆渡你们过去。"

商人掏出白白的银子说："我有的是金钱。"

当官的不甘示弱："你要摆渡我过河，我可以让你当一个县官。"

武士急了："我要过河，否则……"说着，扬扬握紧的拳头。

"你呢？"老船公问诗人，"唉，我一无所有，可我如不赶回去，家中的妻子儿女一定会急坏的。"

"上船吧！"老船公挥了挥手，"你已经显示了你的特长，这是最宝贵的财富。"诗人疑惑着上了船："老人家，能告诉我答案吗？"

"你的一声长叹，你脸上的忧虑是你最好的表白，"老人一边摇船一边说，"你的真情流露，是四人中最宝贵的。"

心灵的真诚是人性最宝贵的底色。真诚相对，则会有如沐春风、如遇故人之感。权势、金钱、武力不是万能的，它们也有苍白无力的时候。

一位钱币商和一位卖烧饼的小贩，同时被一场洪水困在了一个野外的山冈上。两天后，钱币商身上带的吃的东西都光了，只剩下了一口袋钱币。而烧饼贩子则还有一口袋烧饼。

钱币商提出一个建议，要用一个钱币买烧饼贩子一个烧饼。若是在平时，这是再便宜不过的事了，此时烧饼贩子却不同意，认为发财的机会到了，就提出要用一口袋烧饼换一口袋钱币。钱币商同意了。

一天又一天，洪水还是没有退下去。钱币商吃着从烧饼贩子手里买来的烧饼，而烧饼贩子则饿得饥肠辘辘，最后实在忍不住了，他就提出来要用这口袋钱币买回他曾经卖出的而如今数量已不多的烧饼，钱币商没有完全答应他的条件，只允诺他用5个钱币换一个烧饼。

洪水退去后，烧饼全部吃光了，而一袋钱币又回到了钱币商的手中。

钱币商很聪明，也很精明，做人不要贪得无厌，生存就是福。而贪婪的烧饼贩子只看眼前，最后不仅没得到不义之财，"偷鸡"不成反蚀把"米"。

虽然生活中离不开金钱，但钱多了就幸福、快乐吗？事实并非如此，如今许多人钱赚得越多，反而负担越重，就是因为钱赚得越多就花费越多，花费越多就必须去赚更多的钱来支付更多的开销，也必须花更多时间去管理金钱和投资。金钱的诱惑是个巨大的无底洞，你永远也填不满。如果深陷其中，便只能活在追逐金钱的强大压力及追求不得的懊恼中，深深陷入而不能自拔。

在实际生活中，没有钱是不行的，如万一遭遇困厄，生活拮据，甚至身患重病……我们总是那样渴望金钱，渴望它带给我们健康，渴望它让我们摆脱困境，渴望它给我们带来舒适生活，这一切，的确无可厚非。可是，一旦对它有过多的贪欲，把它当成生活唯一的目标，一旦心灵完全被金钱占据，那我们便永无安宁之日了，因为它会让我们丧失人格、尊严、友情等，甚至为钱葬送了自己的一生。当一个人被金钱异化时，他就可能什么事情都干得出来。某些人民的公仆，由于贪欲膨胀，会把国家的机密出卖，会把大笔的巨款据为己有，甚至会侵吞国家拨的救灾款；妙龄的女子，由于铜臭腐蚀了灵魂，会把名誉、贞操、廉耻统统扔掉，用肉体换取金钱，以致葬送了自己的青春……金钱被看作神圣的、万能的、第一位的东西时，人便丧失了生命中一切宝贵的东西，人生便毫无幸福可言。一个最后"穷"得只剩下钱的人，一定活得很累、很乏味、很空虚。

其实，钱不是我们生活的全部，生活中还有许多远比钱更有意义的东西值得我们去追寻，比如爱情、友谊、健康……有句名言说得好："能用钱买来的都不贵。"不要让钱挡住我们的眼睛，不要让钱成为套住我们心灵的枷锁。做一个洒脱的现代人吧！切记，钱乃身外之物，生不带来，死不带去，如果连生命都丢了，钱再多又有何用？

钱多不等于幸福

有一个关于财富的神话，告诫人们如何对待财富。在遥远的古代，在米达斯国，国王觉得变得更有钱才能让自己快乐，于是和神商量让自己拥有神奇的力量。神答应了他，让他自己的手指头无论碰到什么东西，那东西立即就变成黄金。在拥有了"金手指"后，国王的快乐并没有持续多久。他痛苦地发现，自己既不能吃，也不能喝，美味在他嘴里变成了黄金，最糟糕的是他亲吻自己的女儿时，最爱的女儿也变成了黄金。国王这才意识到真正让自己快乐的并非是金钱。神接受了他的忏悔，恢复了他平静而幸福的生活。

这个故事告诉我们，我们的索取要有一定的限度，如果过分追求金钱就会失去自己原有的乐趣，幸福也就会随之而去，在金钱的追求上要适可而止。

契诃夫说过，人生的快乐和幸福不在金钱。幸福是一种感觉，你感觉到了，便是拥有。幸福与金钱、权力、地位不一定成正比。富翁不见得就比小街贩更幸福，捡破烂的与大明星完全可以拥有一样的幸福。

一对青年男女双双步入了婚姻的殿堂，甜蜜的爱情高潮过去之后，他们开始面对日益艰难的生计。妻子整天为缺少财富而忧郁，他们需要很多很多的钱，1万元，10万元，最好有100万元。可是他们的钱太少了，少得只够维持最基本的日常开支。

她的丈夫却是个很乐观的人，他不断寻找机会开导妻子。

有一天，他们去医院看望一个朋友。朋友说他的病是累出来的，常常为了挣钱不吃饭、不睡觉。回到家里，丈夫就问妻子："假如给你钱，但同时让你跟他一样躺在医院里，你要不要？"妻子想了想，说："不要。"

过了几天，他们去郊外散步。他们经过的路边有一幢漂亮的别墅。从别墅里走出来一对白发苍苍的老者。丈夫又问妻子："假如现在就让你住上这样的别墅，同时变得跟他们一样老，你愿意不愿意？"妻子不假思索地回答："我才不愿意呢。"

他们所在的城市破获了一起重大团伙抢劫案，这个团伙的主犯抢劫现钞超过100万元，被法院判处死刑。罪犯押赴刑场的那一天，丈夫对妻子说："假如给你100万元，让你马上去死，你干不干？"妻子生气了："你胡说什么呀？给我一座金山我也不干！"

丈夫笑了："这就对了。你看，我们原来是这么富有：我们拥有生命，拥有青春和健康，这些财富已经超过了100万元，我们还有靠劳动创造财富的双手，你还愁什么呢？"

妻子把丈夫的话细细地咀嚼品味了一番，也变得快乐起来。

人生的财富不仅仅是钱财，它的内涵很丰富，钱财之外还有很多很多，还有比钱财更重要的。可惜，世间有很多人看不到这一点，许多烦恼由此而生。他们难与幸福结缘，却常常要和不幸结伴同行。

生活的目的不是拼命积累钱财，我们必须学会珍惜拥有，并且感恩已有的生活。如果你认为幸福来自对财产的占有的话，那你就错了，要是一点儿财产就能让你感到满足，你也能获得幸福。我们的幸福不在于我们拥有什么，而是在于我们内心的满足感。诚然，幸福也不是一贫如洗，需要物质保证，但更重要的是要有精神支柱。精神支柱是人整个生命的"心脏"，倘若没有它来支撑，再多的金钱也只不过是一堆废纸罢了。从今天开始，做个知足的人吧！

不要做金钱的奴隶

培根说："如果金钱不是你的仆人，它便将成为你的主人；一个贪婪的人，与其说他拥有了财富，不如说财富拥有了他。"

在这个世界上，金钱当然可以给人带来暂时的快乐。可金钱一旦被作为某种筹码，似乎就不具备这种功能了。

富翁家的狗在散步时跑丢了，于是富翁张贴了一则启事：有狗丢失，归还者，付酬金 1 万元，并附有小狗的一张画像。送狗者络绎不绝，但都不是富翁家的。富翁太太说，一定是真正捡狗的人嫌给的钱少，那可是一只纯正的爱尔兰名犬。于是，富翁把酬金改为 2 万元。

一位乞丐在公园的躺椅上打盹时捡到了那只狗。乞丐没有及时地看到第一则启事，当他知道送回这只小狗可以拿到 2 万元时，乞丐真是兴奋极了，他这辈子也没交过这种好运。

乞丐第二天一大早就抱着狗准备去领那 2 万酬金。当他经过一家大百货公司时，又看到了一则启事，并且赏金已变成 3 万元。乞丐驻足琢磨了一会儿：赏金增长的速度倒挺快，这狗到底能值多少钱呢？于是他改变了主意，又折回他的破窑洞，把狗重新拴在那儿。第四天，赏金果然又涨了。

在接下来的几天时间里，乞丐没有离开过告示牌，当酬金涨到使全城的市民都感到惊讶时，乞丐决定将狗归还。可是，当乞丐返回他的窑洞时，那只狗已经死了。因为这只狗在富翁家吃的是鲜牛奶和烧肉，对这位乞丐从垃圾桶里捡来的发霉食物根本"享受"不了。

只有拿到手里的才是自己的，太贪心了会让你失去一切，我们千万别被金钱束缚住。在生活中克制适当的贪念能使我们保持愉悦、快乐，甚至是感恩的心情。

还有一则小故事：一个小男孩玩一只贵重的花瓶。他把手伸进去，结果竟拔不出手来。父亲费尽了力气也帮不上忙，遂决定打破瓶子。但在此之前，他决心再试一次："孩子，现在你张开手掌，伸直手指，像我这样，看能不能拉出来。"

小男孩却说了一句令人惊讶的话："不行啊，爸爸，我不能松手，那样我会失去一分钱。"

多少人正像那男孩一样，执意抓住那无用的一分钱，不愿获得自由。所以，很多时候我们应该放掉那些无意义的东西，获取本属于我们的生命自由。假如只把追逐金钱作为人生唯一的目标，人就会变成一种可怜的动物，就会被金钱捆绑起来，不得自由。我们对待金钱必须要拿得起、放得下，赚钱是为了支撑活着，但活着绝不仅仅是为了赚钱。这一点，我们一定要搞清楚啊！

一味贪财，你会后悔的

说起金钱，很多人都无法遏止对它的贪婪，但古人告诫我们"君子爱财，取之有道"，这确实是至理名言。但是，很多人利用职权谋私利，利用职权祸害一方，这种贪婪最终导致了无数个悲剧。

有的人在当了官以后，随着权力的扩大，找他的人多了，说好听的话的人也多了，于是他自己的头脑逐渐开始膨胀，自以为是的思想越来越重。再加上一些社会不良风气的影响，穿名牌，开名车，于是开始腐化堕落。他们错误地认为，人生一世，草木一秋，转眼就百年，应该多捞些钱。于是，从推推让让收红包到逢年过节收礼金，基本上是来者不拒，后来又开始插手建设工程招投标、土地出让，从最初收钱时心跳加快、手发抖，到后来即使一捆捆的人民币收起来也心安理得。就这样，一点点地下滑，一步步地走上了犯罪的道路。

还有一些人，单纯地把成功定义为拥有大量的金钱，想买什么就买什么。其实，这是浅显的。

曾经有位作家在他的作品里有过这样的一段描述："在19世纪的欧洲，曾经有一位农场主，在这个农场主的大脑里充满了各种各样的实物，有金币和银币，有债券、银行和农场，有小麦和玉米，还有各种各样的牲畜。""这些东西充满了他的大脑，在他的大脑里，不再有绚丽的鲜花，不再有美好的景色和鲜艳的夕阳。如果他能够坐下来读一些东西，他的思想就像一团蜜蜂一样，只允许他读那些与市场报告以及货物价格有关的东西。他脑子里的东西阻碍了他的视野。此时的他就好像瞎子一样，生活在这个美丽的世界上，却对美好的景物毫无感觉。"

这段文字便真实地描述了被金钱束缚住的人们。对金钱的贪婪会让你失去很多生活中原有的美好，不会感受到任何幸福。

第五章　放下权势，留一颗淡泊的心

人生的路很宽，为官为民，有钱没钱，一样可以活得有滋有味，只不过各有各的活法而已。民有民的乐，官有官的忧；穷有穷的喜，富有富的悲，我们没有必要处心积虑地去迷恋权势地位，做一个心性淡泊的人吧！

平常心，呼唤平常心回归

现在的社会里有很多这样的人，认为自己身份高了，有钱有地位了，就感觉自己与别人不同了。他们的一举一动、一言一行，所使用的物品、所乘坐的交通工具，都要超过一般的普通人，觉得这样才配得上不同于普通人的身份，这样的自我认知态度未免无知。

而很多普通人不但认可这种无知举动，甚至还表示向往，认为那些事事高出平常人的举动是一种荣耀。这该是一种怎样的偏差啊！

其实，一个人最重要的就是要能以平常心看待自己，不过分高估也不过度自卑。再高的职位，也都是代表了一种责任，正确地看待自己，这是做人的基本要求。

人生活在现实社会中，必须遵循社会道德规范和行为准则，任何职位的人也不例外，无论官位多大，官衔多高，多么富有，归根到底也都是社会中的一员。如果不会做人，就不会做官；做不好人，便做不好官。所以，每一个人，不管你在这个社会中处于什么样的地位，都要以平常心看待自己，这样才能赢得别人的尊重，使自己的事业更上一层楼。

某企业总裁被邀请到人民大会堂参加会议，受到国家领导人的亲切接见，而且开会时被安排在主席台就座，并在大会上发言。

开完会，他就要急着赶回企业，但没有买到机票，情急之下，就到火车站买了一张站票，经过 10 多个小时的颠簸，就这样一路受挤着赶了回去。事后，人们问他："凭您的身份，这样挤火车不觉得委屈吗？"

总裁听后淡淡地一笑："身份？我有什么身份？在人民大会堂，我的身份就是一个参加大会的人；在火车车厢里，我的身份就是一个搭乘火车的人；回到企业，我的身份就是一名管理者。谁的身份是固定不变的呢？这又有什么委屈呢？"

一个人的角色是多种多样的。职务也仅仅是众多角色中的一种。角色会随着时间、地点、条件的变化而变化，绝不可能固定在一种方式上。一个人尤其是做上司的人，如果能够认清这个问题的话，那么他所从事的事业也一定会成功。可以说，认识到自己的多种角色是人们做到自知之明的思想基础，反之则有些曲高和寡，让人讨厌。

汉光武帝即位后，蜀地有一位叫公孙述的人，自立为王，与中央对立。与此同时，西北陇地的隗嚣，正困惑于不知应投靠汉光武帝还是归顺公孙述。于是，他派部下马援前往公孙述处打探。马援与公孙述原是旧知，以为他这次前往，公孙述定会像以前那样欢迎他。

然而到蜀后，公孙述迎接他的态度如同冷水一样，十分地严肃、傲慢。看到这里，马援对随从说："够了！他们只是虚有其表，这种地方怎能容下天下之士呢？"

　　说完，马援便打道回府，报告隗嚣道："公孙述只是外强中干的家伙，充其量是个坎井之蛙，不足信也。"

　　之后，马援又奉命去拜访光武帝，马援到后不久，光武帝便亲自迎接，笑容可掬地寒暄道："久仰贵公才能，今日一见，果然不同凡响！"

　　马援受宠若惊地说："前几天我去拜访我的旧知公孙述，他却一副盛气凌人之态。这次与大王初见，即受到如此亲切的接见，陛下不疑我是刺客，这到底是为什么？"

　　光武帝好言相慰，始终不摆架子。隗嚣得知光武帝的为人后，立刻率部下投奔汉朝。

　　可见，做人应该谦逊、和蔼，这样人家才愿意亲近你，你才有群众基础；反之，若高傲自大，人皆远之，你就成了"孤家寡人"。因此，我们还是应该以平常心看待自己为好。

赢得生前身后名，又能怎样

　　在岁月的长河中，在历史的篇章中，有许多人被视为伟人。他们崇高的人格、伟大的功绩，使人们牢牢记住他们的名字。他们深邃的思想与风范气质远远超越常人，达到众人难以企及的高度。在人类社会中，他们如同夜空中灿烂的群星，在黑暗中闪烁着神圣耀眼的光芒。

　　在美国，就有这样一个被无数人景仰并且载入史册的伟人，他就是乔治·华盛顿。

　　在孩提时代，华盛顿就是一个与众不同的孩子，他生来就正直诚实，办事极为公道，这与他受到修养极好的父亲对其在智力上和道德上的熏陶有关。他渴望着成为一名驰骋疆场、威风凛凛的勇敢军人，报效国家和人民。早在读书时，在他的同学中，他总是领导者。

　　1748 年，英法两国为了争夺在北美的领地和利益而发生冲突，双方都开始备战。由此也为华盛顿提供了一个走入军界的机会。那一年，他19岁。

在数年的战争中，华盛顿处事谨慎，富于进取精神，有忍耐力，更有魄力。在每次战斗中，他都骑着自己的白马冲锋陷阵。他用实际行动赢得了身边人的崇拜和信任。

美国独立战争胜利以后，人们希望有一个独揽大权的人物来接管政府。在人们眼里，华盛顿就是这样一个人。军中也有这样的思想，甚至有军官上书要求他做皇帝。但是华盛顿并不想当皇帝，他从不对名利动心，他追求的是得到广大人民的尊敬，他是一个视荣誉重于生命本身的人，有着强烈的共和思想。因此，他在向大陆会议索要独立自主的权力时，多次重申，一旦战争结束，他将解甲归田，化剑为犁。他不愿为了一顶金灿灿的皇冠、个人的野心，而使美国在刚刚摆脱英国的殖民统治后又重新陷入内战之中。

和平终于来临了，1783年3月下旬，英美签署和平协议。4月19日，历时8年的北美独立战争结束。华盛顿时年51岁，他辞去军职，向部队告别。面对昔日生死与共的战友，他激动不已，与他们斟酒告别。人们热泪盈眶，纷纷与他拥抱，最后为了不使自己过于激动，他一句话也没有说，泪流满面地径直离去。在费城，他与财政部的审计人员一起核查了他在整个战争过程中的开支，账目清楚、准确，他甚至还补贴了许多自己的钱。

辞职后的他回到了家，回到了自己的农场，过上了平静的生活。

华盛顿的辞职，影响深远。让人主动放下权力是不可思议的。对于一个能随其心愿担任任何职务的人而言，这就更令人称奇。

浮生一世，短短几十年，总有一天连生命都不得不放下，还有什么看不开的呢？懂得放下的人往往要比一味追求的人得到的更多，也更放松和快乐。人生的路很宽，为官为民，有钱没钱，一样可以活得有滋有味，只不过各有各的活法而已。民有民的乐，官有官的忧；穷有穷的喜，富有富的悲，我们真的没有必要处心积虑地去追求不属于自己的东西。

当然，平常心并不是寻常人都能具有的，它是经历磨难、挫折后的一种心灵上的感悟和一种精神上的升华。"宠辱不惊，去留无意"，说起来容易，做起来却十分困难。红尘的多姿、世界的多彩令大家怦然心动，名利皆你我所欲，又怎能不忧不惧、不喜不悲呢？唯其难，做到了就更让人钦佩。只有做到了宠辱不惊、去留无意，方能心态平和、恬然自得，方能达观进取、笑看人生。

在这一点上，我们不妨学学华盛顿。

对于功，最好不要争

当你挖空心思想出一个好主意，或者你勤奋工作为公司发展作出了极大贡献时，却有人试图把这份功劳归为己有。面对这种情况，你该怎么办？下面几种方法或许对你有所帮助。

1.用短信澄清事实

写的短信不能有任何坏的影响，短信内容一定不能让对方产生不快。写短信的主要目的是要委婉地提醒一下对方，自己当初随便提出的想法是怎样演变到今天这个令人欣喜的样子。在短信中适当的地方，你可以写上有关的日期、标题，可以引用任何现存的书面证据。在短信的最后要建议进行一次面对面的讨论。这是很重要的，这能让你有机会再次含蓄加强一下你的真正意思：这主意是我想出来的。

2.夸赞对方

对同事独一无二的才能和见解大加赞赏，这种方法对职业女性来说特别需要。很多研究者发现，女性员工喜欢从"我们"

的角度而不是"我"的角度来做事，所以她们的想法和首创就常常会被男性同事挪用。如果着眼于事情的积极一面，你的同事也是想方设法要干好工作，而且他（她）对要做的事情有独到的看法，也许会有助于你解决这个可能很棘手的问题。

3.退出争夺战

初看起来，这似乎不是一种方法，或者不能算是一种很好的方法。但对某些人来讲，这或许是最好的。你应该问一问你自己：哪个更重要，是把这个想法付诸实施，还是独自拥有想出这个点子的名誉？在某些情况下，比如你正要接受一次重要的提升，要付出大量的时间和精力，或者除了"原则问题"之外，其他并无妨碍。在这些情况下，退出争夺战显然是明智之举，是上上之策。

争功，必然会得罪人。当你已经预见到了将来的生存危机，而你想追求的又是另外一种境界的时候，不妨做个有先见之明的人，在恰当的时候选择毫不犹豫地"功成身退"，这样做虽然你的功劳暂时有所损失，但你的才能摆在那里，任谁也抢不去。

淡看功名，心情才舒展

人生最大的烦恼不在于自己拥有的太少，而在于自己向往的太多。向往本不是坏事，但向往的太多，而自己能力又不能达到，则会形成长久的失望与不满。在对环境、对自己都长久地感到失望与不满的情形下，人容易产生自卑、疑惧和对环境的戒备及内心的紧张。

对那些太急于求利或急于求功的人们来说，他们有必要学会一份"心灵上的舒展"。这种心灵上的舒展就是让自己能把一切看平淡些，看轻松些，不要期望得太高，不要过分地求全责备。诚然，在正常的情形下，我们都应该要求自己上进，要求自己做事要成功、要精确、要胜利，但是在这一切要求之上，还必须有另一种要求来使它平衡，这要求就是使自己"量力而行""轻松平淡"。

把富贵看淡，富贵就不足以动心志；把名利看淡，名利就不足以动心志；把生死看淡，生死就不足以动心志。这样就可以随遇而安，逍遥自在。

2006年刚过，美国CBS电视台名嘴华莱士就宣布，88岁到来之前，他会退出著名电视节目《60分钟》的常规制作。华莱士在宣布退休决定的声明中表示："当人们问我什么时候退休的时候，我常常回答说：'等我两腿一伸的时候就退休了。'但是随着我88岁的生日即将到来，很显然，我不可能再像从前一样耳聪目明。对于现在的我来说，乘坐长途飞机'南征北战'已经不像从前那么富有吸引力了。"

华莱士说退休是出于他本人的意愿，电视台从来没有催促过他，而他也会继续"待在同一栋楼的一间舒适的办公室里——就在我待了43年的办公室的旁边……""只要CBS需要，将随时愿意承担客串记者和主持人的工作"。

华莱士主持的节目以语言犀利著称，曾19次荣获格莱美奖，世界上许多领袖人物都接受过他的采访。CBS电视台新闻主席萧恩·麦克曼勒斯赞扬华莱士是广播新闻界的巨人，他说："在过去60多年的从业生涯中，华莱士完美地体现了善良、坚强和公正的新闻精神。"

有人说："身居高官享受厚禄的人，要保持几分山林雅趣，来缓和过分热衷名利的激进思想。"老子说："始终保持丰盈的状态，不若停止它；不停地磨砺锋芒，欲使之尖锐，却难保其锋永久锐利；满屋的金银珠宝，很难永远地守护住它；人富贵了就会产生骄奢淫逸的心理，反而容易犯错误。功成名遂则应隐退，此乃天理。"它提醒人们在功成名就、官位显赫后，人事会停滞，人心会倦怠，业绩也不会有进展，此时应立即辞去高位，退而赋闲，即"退一步海阔天空"。

汉高祖剖符行封时，因张良一直随从献策，特予厚待，让他自择齐地三万户。张良只选了一个万户左右的留县，受封为"留侯"。他曾说："今以三寸舌为帝者师，封万户，位列侯，此布衣之极，于张良足矣。愿弃人间事，欲从赤松子（传说中的仙人）游。"

张良"欲从赤松子游"，追求山林雅趣；华莱士晚年功成身退，均不失为一种明智的选择。

第六章　放下贪欲，适可而止最好

　　人的贪欲是客观存在的，只是隐显强弱不同罢了。适度地控制它，转移欲望的目标，这是明智之举。不为物役，远离贪欲，自己才能更好地主宰自己。多读点儿书，书可以丰富我们的学识，净化我们的灵魂。愿我们都心清如水，知足常乐！

做人不要太贪婪

　　这是一个极具诱惑力的社会，这是一个欲望膨胀的年代，人们的心里总是塞满了欲望和奢求。追名逐利的现代人，总是奢求要穿名牌，要吃山珍海味，要住别墅，要开宝马香车。一切都被欲望支配着。

　　法国杰出的启蒙哲学家卢梭曾对物欲太盛的人做过极为恰当的评价，他说："十岁时被点心、二十岁被恋人、三十岁被快乐、四十岁被野心、五十岁被贪婪所俘虏。人到什么时候才能只追求睿智呢？"的确，人心不能清净，是因为欲望太多，没有家产想家产，有了家产想当官，当了小官想大官……精神上永无宁静，永无快乐。

　　大作家托尔斯泰曾讲过这样一个故事：有一个人想得到一块土地，地主就对他说，清早你从这里往外跑，跑一段就插个旗杆，只要你在太阳落山前赶回来，插上旗杆的地都归你。那人就不要命地跑，太阳偏西了还不知足。太阳落山前，他是跑回来了，但人已精疲力竭，摔个跟头就再没起来。于是有人挖了个坑，就地埋了他。牧师在给这个人做祈祷的时候说："一个人要多少土地呢？就这么大。"

人生的许多沮丧都是因为你得不到想要的东西。其实，我们辛辛苦苦地奔波劳碌，最终的结局不都是只剩下埋葬我们身体的那点土地吗？伊索说得好："许多人想得到更多的东西，却把现在所拥有的也失去了。"这可以说是对得不偿失最好的诠释了。

其实，人有欲望这是人之常情。但是，如果把这种欲望变成不正当的欲求，变成无止境的贪婪，那我们就在无形中成为欲望的奴隶了。在欲望的支配下，我们不得不为了权力、地位、金钱而削尖了脑袋钻营。我们常常感到自己非常累，但是仍觉得不满足，因为在我们看来，很多人比自己生活得更富足，很多人的权力比自己大。所以我们别无出路，只能硬着头皮往前冲，在无奈中透支着体力、精力与生命。

扪心自问，这样的生活能不累吗？被欲望沉沉地压着能不精疲力竭吗？静下心来想一想，有什么目标真的非让我们实现不可，又有什么东西值得我们用宝贵的生命去换取呢？朋友，让我们斩除过多的欲望吧，将一切欲望减少再减少，从而让真实的欲求浮现。这样，你才会发现真实、平淡的生活才是最快乐的。拥有这种超然的心境，你做起事来就能不慌不忙、不躁不乱、井然有序，面对外界的各种变化不惊不惧、不愠不怒、不暴不躁，而对物质引诱心不动、手不痒。没有小肚鸡肠带来的烦恼，没有功名利禄的拖累，活得轻松，过得自在。白天知足常乐，夜里睡觉安宁，心里感觉踏实，蓦然回首时没有遗憾。

古人云："达亦不足贵，穷亦不足悲。"当年陶渊明荷锄自种，嵇叔康树下苦修，两位虽为贫寒之士，但他们能于利不趋，于色不近，于失不馁，于得不骄。这样的生活也不失为人生的一种极高境界！

人生好像一条河，有其源头，有其流程，有其终点。不管生命的河流有多长，最终都要到达终点，流入海洋，人生终有尽头。活着的时候，少一点儿欲望，多一点儿快乐，有什么不好吗？

贪婪是一种顽疾，应该这样治

贪婪是一种顽疾，人们极易成为它的奴隶，变得越来越贪婪。人的欲念无止境，当得到一些时，仍指望得到更多。一个贪求厚利、永不知足的人，等于是在愚弄自己。贪婪是一切罪恶之源。贪婪能令人忘却一切，甚至是自己的人格。贪婪能令人丧失理智，做出愚昧不堪的事情。所以，我们真正应当采取的态度是：远离贪婪，适可而止，知足常乐。

老王对购买彩票甚是痴迷，三天两头去购买，每次都买二三十注的，结果工资花去了大半，那大奖仍与他无缘，家中的日子也顿显拮据。其实，购买社会福利彩票只是向社会公益事业献爱心的一点表示，若家中财力允许可多购买些，若家中财力一般或根本无财力购买就要"点到为止"，购买几张表示一下爱心即可。大家不妨算一下，奖金设得越高，人们获奖的机会就会越少，一个百万元大奖，能中的概率实际是几十万分之一。倾其所有购买彩票，一旦中不上大奖，造成家庭经济困难不说，还会引发家庭矛盾，给和谐的家庭生活平添不少烦恼。值得吗？

凡事讲究适可而止，这是一种人生经验。

从前，一个想发财的人得到了一张藏宝图，上面标明了在密林深处的一连串宝藏。他立即准备好了一切旅行用贝，特别是他还找出了四五个大袋子用来装宝物。一切就绪后，他进入了那片密林。他斩断了挡路的荆棘，趟过了小溪，冒险冲过了沼泽地，终于找到了第一个宝藏。满屋的金币熠熠夺目，他急忙掏出袋子，把所有的金币装进了口袋。离开这一宝藏时，他看到了门上的一行字："知足常乐，适可而止。"

他笑了笑，心想，有谁会丢下这闪光的金币呢？于是，他没留下一枚金币，扛着大袋子来到了第二个宝藏前，出现在眼前的是成堆的金条。他见状，兴奋得不得了，依旧把所有的金条放进了袋子，当他拿起最后一条时，上面刻着："放下了下一个屋子中的宝物，你会得到更宝贵的东西。"

他看了这一行字后，更迫不及待地走进了第三个宝藏，里面有一块磐石般大小的钻石。他发红的眼睛中泛着亮光，用贪婪的双手抬起了这块钻石，放入了袋子中。他发现，这块钻石下面有一扇小门，心想，下面一定有更多的东西。于是，他毫不迟疑地打开门，跳了下去，谁知，等着他的不是金银财宝，而是一片流沙。他在流沙中不停地挣扎着，可是越挣扎他陷得越深，最终与金币、金条和钻石一起长埋在了流沙下。

如果这个人能在看了警示后离开的话，能在跳下去之前多想一想，那么他就会平安地返回，成为一个真正的富翁了。

有这样一则美国人喝咖啡的趣事：艾森豪威尔总统有一次访问麦斯威尔咖啡工厂，厂主请他品尝咖啡，他一口气喝完，赞赏地说："喝到最后一滴都是香的。"说完，还举起杯子倒给在场的人看，果然一滴不剩。总统的这一举动启示了厂主的广告创意，此后打出了"喝到最后一滴都是香的"的广告词，而且在包装上也绘有一只倒空最后一滴的咖啡杯。

试想，假如觉得好喝，接连来它几杯，那就未必有那么香醇的感觉了。要是怀着不喝白不喝的心态，过多地饮用，那只会腹胀难受，绝不是一种享受。

事实上，在我们每个人的心里都有这么一个杯子。我们是恰到好处，怀着感激的心，品味生活的美好呢，还是无休止地贪婪地往里面装满种种想要的东西呢？现实生活告诉我们，"适可而止"四个字十分关键，许多事情，只有适度了才是最美好的。

在人际交往中，我们越来越感到动用一些适度技巧可以赢得他人的好感，使交往双方的事情好办多了，也能使友谊天长地久。但有些人不是这样，而是过于讲究，甚至到了苛求的地步，造成的负面影响也是可想而知的。有的人因为过度的装腔作势、矫揉造作而令人作呕，极容易造成诸多个人信息的失真、误解，因而"聪明反被聪明误"。

贪是本性，知足可以取代它

贪是人的本性之一，每个人都有贪的欲望。但是，人与人是不同的。有的人可以克制住自己的贪欲，知足常乐；而有的人却贪得无厌，从不知足！

人生中，知足常乐，可以生活得更加幸福，而贪得无厌必定会自食恶果。

在 A 城，有一个腰缠万贯的亿万富翁，仅仅因为他的股票下跌了一个百分点，便孤注一掷，把全部财产用来买股票，结果输得一贫如洗。当他一无所有时，却投河自尽而结束了自己的生命。他曾经仅用了 1 万元买了一只股票，转眼间就变成了亿万富翁，可他还不满足，继续买股票，最终反赔上了自己的性命。可以说，是贪欲害了他，他也为自己的贪欲付出了生命的代价！

同样在 A 城，有一对卖烧饼的夫妇，因为刚卖完烧饼，数了数钱，发现比平常多卖了 2 元人民币，就高兴得合不拢嘴。他们用这 2 元钱，多买了一些烧饼的原料。就这样，过了几年，他们成了 A 城的烧饼大王，成了百万富翁！可是，他们把一些钱捐给慈善组织，仍然继续卖着他们的烧饼，尽管他们已经拥有了全国几百家连锁店，可是他们还是喜欢自己在街上卖烧饼，价格仍然是 5 角钱一个，丝毫不多卖一分钱，他们对着夕阳微笑着，他们觉得活着十分有意义！

切记，不要贪得无厌，小心自己的贪欲。不要一直不满足，知足是上天给予你的财富，一定要好好珍惜！

洛克菲勒在创业初期勤劳苦干，人们都夸他是一个好青年，可是当他富甲一方后，却变得贪婪冷酷，使得宾夕法尼亚油田的居民身受其害，对他恨之入骨，甚至他的兄弟也不齿他的为人，而把儿子的坟墓从洛克菲勒墓地迁出，还说："在洛克菲勒的土地上，我儿子将无法得到安息。"53岁那年，洛克菲勒疾病缠身。医生向他宣布，他必须在"金钱、生命、烦恼"中选择一个，这时，他才领悟到，是贪婪的恶魔控制了他的身心，开始了另一种生活。

密歇根湖畔一家学校因资不抵债即将倒闭，洛克菲勒马上捐了数百万美元，促成了芝加哥大学的诞生。北京著名的协和医院也是洛克菲勒基金会赞助的。最终，洛克菲勒以98岁的高龄得享天年。

我们没有必要像洛克菲勒一样走一生的弯路去寻找生命的真谛，我们只要远离贪婪，不做金钱的奴隶就可以了。

有一句智者的话："人不能把钱带进坟墓，但钱却可以把人送进坟墓。"这句话是多么发人深思呀！

魔鬼的两板斧是这样使用的：左板斧用贪婪来欺骗我们，让我们进入虚空的圈套，使人绝望、痛苦地煎熬，然后自杀送命；右板斧用贪婪来诱惑，让不知足来煎熬我们，好让人拼命耗损精力，缩短寿命，使人在不知不觉中慢性自杀。

魔鬼的最终目的是让人尽快地结束生命，更快地到地狱里去报到。贪婪贪心的本质，就是让我们轻看原本最重要的东西——生命；转移了我们注重的目标，注重本来并不重要的物质。

耶稣讲过一个财主的故事：

有一个财主田产丰盛，心想："我的财产没有地方收藏，怎么办呢？"又说："我要这么办：把我的仓房拆了，另盖更大的，在那里好收藏我一切的粮食和财物，然后要对我的灵魂说：'灵魂啊，你有许多财物积存，可做多年的费用，只管安安逸逸地吃喝快乐吧！'"神却对他说："无知的人哪，今夜必要你的灵魂，你所预备的要归谁呢？"

这就是一个典型的重视物质而忽视生命的例子。

这个故事还有个姊妹篇：

有个守财奴毕生勤奋努力，积聚了 30 万块银圆。终于有一天，他决定要享受一年豪华快乐的生活，然后再决定下半生怎样过。但是也就在他开始不去奔波挣钱的那一天，死神已经慢慢向他靠近，要取回他的生命。守财奴用尽了一切唇舌和本领，劝请死神改变主意。最后他说："多赐给我三天吧，我会给你所有财富的三分之一。"死神无动于衷，继续动手要收回他的生命，他再说："如果你让我在这世上多活两天，我立即给你 20 万块银圆。"死神仍然没有理会，甚至后来他用 30 万块银圆交换一天的生命也不成。守财奴没有办法，只好说："那么请你开恩，给我一点点时间，写下一句话留给后人吧。"死神应允了他的请求。守财奴便用自己的鲜血写道："人啊，记住——你所有的财富都买不到一小时的生命。"

《圣经》上说："贪婪就与崇拜偶像一样。"贪婪，就是我们把物质、金钱放在最重要的地位，而把神、生命放到次要的地位。他所崇拜的就是物质、金钱，这就同崇拜偶像一样。

从前，有个牧师问一个农民："你死后愿意上天堂，还是愿意下地狱？"这个农民回答说："唉，再看吧！哪边的玉米面便宜，就到哪边去吧！"

这就形象地反映贪婪的本质，我们许多人就是以这种唯利是图的心态去生活。有些人贪婪到一个地步，不再考虑生命的问题。"什么生命不生命的，死了再算。现在最重要的是赚钱！"。

生命好比是 1，财富是 0，如果只有财富 0，那么，不管有多少财富，都只是虚空，只有有了生命 1，你的财富才会有意义、有价值。"人如果赚得全世界，而赔上自己的生命。那又有什么益处呢？人还能拿什么换生命呢？"我们不要到最后才这样清醒，要把生命看得比某些东西更为重要。

物极必反，你意识到了吗

"你我皆凡人，生在尘世间。终日奔波苦，一刻不得闲。既然不是仙，难免有杂念。道义放两旁，利字摆中间……"这首歌是李宗盛的《凡人歌》。歌中唱出的内容就体现了人的贪婪。

贪婪的人总是不会满足的。有了这个，还想要那个；有了这个好的东西，还想要那个更好的；有了 100 万，还想要 200 万、300 万……有多少他就想要多少，最想把全世界的东西都占为己有。可是，事物往往会"物极必反"。

纳粹头子希特勒就是一个例子：

希特勒先把势力范围扩大到邻近的国家。然后，他的贪婪使他把毒手伸向远东及全世界。于是，到最后不但没有征服全世界，却自食恶果而自杀身亡。

在现代社会中，人的贪婪都是表现在物质、金钱上。为了金钱可以不顾道义，为了金钱可以置他人于不顾，为了金钱甚至可以不顾兄弟之情、父子之情。可是贪婪的人到最后会有什么好结果呢？为了财富而犯罪的人无一人能逃过法网；为了物质上的享受，有的干部收受贿赂，但最终还是被法律制裁。

有人曾问过一个炒股票的人，怎样才能不把钱输掉。他回答说："要记住两个字：知足。"他说只要一贪婪，连投进去的资本都保不住，血本无归。因此，贪婪是要适可而止的。贪婪者，轻则伤财，重则倾家荡产，银铛入狱，自食恶果。现代社会充斥着下列现象：人际关系一次用完，做生意一次赚足。以为这样做是聪明的，这都是在断自己的路。

欲望永不满足，会诱惑着人们追求物欲的最高享受，但是过度地去追求利益往往会使人疯狂，所以，凡事要适可而止，才能把握好自己的人生方向。

几个人在岸边钓鱼，旁边有几名游客在欣赏着海景。只见一位钓鱼者竿子一扬，钓上了一条好大的鱼，足有一尺多长，鱼落在岸上后，仍腾跳不止。可钓鱼者却用脚踩着大鱼，解下鱼嘴内的钓钩，顺手将鱼丢进海里面。

旁边的人发出一片惊呼，这么大的鱼还不能令他满意，可见他钓鱼的野心之大。

就在众人屏息以待之际，钓者鱼竿又是一扬，这次钓上的还是一条一尺长的鱼，钓者仍是采取了同样的方法，顺手把鱼扔进了海里。

第三次，钓者的钓竿再次扬起，只见钓线末端钓着一条不过几寸长的小鱼。众人以为这条鱼也肯定会被放回海里面了，不料钓者却把鱼解下，小心地放到自己的鱼篓当中。

众人百思不得其解，就问钓者为何舍大而取小。

钓者回答说："哦，因为我家里面最大的盘子也只不过有一尺长，太大的鱼钓回去，盘子也装不下。"

在经济发达的今天，像钓鱼者这样舍大利取小利的人真是越来越少了，而舍小取大的人却越来越多。俗话说，"心地善良、胸襟开阔等良好的品性，才是健康长寿之本。"贪图小便宜，终究是要吃大亏的。

从莫斯科撤走后的法国人中，有一位农夫和一位商人在街上寻找财物。他们发现了一大堆未被烧焦的羊毛，两个人就各分了一半捆在自己的背上。

归途中，他们又发现了一些布匹，农夫把身上沉重的羊毛扔掉，选些自己能扛得动的较好的布匹；贪婪的商人把农夫所丢下来的羊毛和剩余的布匹统统捡起来，重负让他气喘吁吁、行动缓慢。走了不远，他们又发现了一些银质的餐具，农夫把布匹扔掉，捡了些较好的银器背上，商人却因沉重的羊毛和布匹压得他无法弯腰而作罢。

突然降下大雨，饥寒交迫的商人身上的羊毛和布匹被雨水淋湿了，他踉跄着摔倒在泥土当中；而农夫却一身轻松地回到家中。他把银餐具变卖掉，生活因此富足起来。

大千世界，万种诱惑，什么都想要，会累死你，该放就得放，你才会轻松快乐一生。

贪婪的结果——竹篮打水一场空

《伊索寓言》里有这样一个故事：一对好运的夫妇有一只每天都生一只金蛋的鹅。他们已经非常幸运，但没过多久，他们开始觉得自己致富的速度还不够快。他们想这只鹅的内脏一定是用金子做的，便决定把它杀死，以便获取里面的金子。他们把鹅的肚腹剖开后，却发现与一般的鹅没什么两样。就这样，他们并没有像他们所希望的那样成为暴发户，反倒因此举失去了日进一只金蛋的收入。这个故事告诉我们，贪婪者终将什么也得不到。

佛经《大庄严论经》中也有一则关于贪得无厌的老婆婆的故事。

昔时，释迦牟尼住在舍卫国园精舍时，一位老婆婆背着装满了酒的瓶子过来，她沿路津津有味地吃着答麻林度的甜果实，不久感觉口干舌燥，就到附近人家的井边，请求女主人给她一杯水喝。由于她吃的答麻林度的甜味尚余留在嘴里，所以觉得那水如蜜一般甜，她很感激，便问："啊，好甜！太太，能不能用我的酒交换你的水？"女主人听了这位好奇的老婆婆的话，就答应说："好啊！"于是拿水和她交换。

老婆婆带着水瓶回家，马上又喝那甘甜的水，结果这水平淡无味，她以为是自己的舌头有问题，又再饮了几次，仍未感觉有何味道，因此她唤来亲族知己试饮。没有一个人认为那水有特别之处。他们纷纷劝她："老婆婆，你喝了如此不干净的水，有伤身体哟，你到底是从哪儿弄来的这些水呢？"至此，老婆婆才恍然大悟，原来是因为自己吃了答麻林度的甜果实再喝水，方误以为水是甜的，她非常懊恼，竟将酒白白送给了人家。

在这世界上，类似这样因嗜欲太深而蒙受重大损失的大有人在。庄子说："其嗜欲深者，其天机浅。"食、色都是嗜欲，此外的一切金钱物质享用，也都是"嗜欲"。"天机"是智慧，是灵性，以庄子的看法，一个人如果欲望多，他就失去了智慧与灵性。

俄国诗人屠格涅夫有一次外出，遇见一个乞丐伸着枯槁的手向他讨钱。屠格涅夫把手伸进口袋，忽然发现忘了带钱包，他只得怀着愧疚的心情，拉着乞丐的手握了握说："真对不起。"那个乞丐却紧紧握着屠格涅夫的手说："兄弟，够了，有这点就够了。"

我们到处流浪，到处寻找，到处乞讨，仅为了几个叮当作响的铜板吗？我们至今仍然像乞丐一样乞求着人类的那份诚意。

不论走到东还是走到西，只要静观我们的生活就可以发现，人并不是对所有的东西都敢奢望的。有时，我们要得很少，很可怜，有那么一点就够了。雨天的一把雨伞，情绪低落时的几句安慰，生日的一张贺卡，平日的一个问候电话……这些微不足道的事情，常常会发挥意想不到的功效。

"就像大海有波浪、太阳有光芒一样，心的光芒就是它的思想和情绪。大海虽有波浪，却不会被扰乱。波浪是大海的本质。波浪生起，又会往何处去？回到大海中。而浪又从何而来？从大海中来。"

同样，思想和情绪是心性的光芒和呈现。它们起自于心，但又消失到哪里去了？回到心。不管心中生起什么念头，不要把它当成问题。如果你不是太冲动而有耐心一点儿，它就会回归到它的本质之中。

所以，要以宽阔、开放和慈悲的态度对待你的思想与情绪，因为事实上你的思想就是你的家人，是你心的家人。敦珠仁波切常说："在贪念面前，要像个有智慧的老人，看着小孩子玩耍。"

第七章　放下偏执，换个角度来思考问题

在这个复杂的大千世界里生存，生活无时无刻不在给我们制造难题，我们要学会怎样正确看待，怎样勇敢面对，才能更好地生存，如果我们采取了正确的态度去看待，一切困难都可以迎刃而解。

角度不同，得失就不同了

杰瑞是个不同寻常的人。他的心情总是很好，而且对事物总是有正面的看法。

当有人问他近况如何时，他会说："我快乐无比。"

杰瑞是个饭店经理，却是个独特的经理。因为他换过几个饭店，而有几个饭店侍应生都跟着他跳槽。他天生就是个鼓舞者。

如果哪个雇员心情不好，杰瑞就会告诉他怎么去看事物的正面。

这样的生活态度实在让人好奇，终于有一天，他的朋友比尔对他说，这很难办到！一个人不可能总是看到事情的光明面。

"你是怎么做到的？"比尔问道。

杰瑞答道："每天早上我一醒来就对自己说，杰瑞，你今

天有两种选择，你可以选择心情愉快，也可以选择心情不好。我选择心情愉快。每次有坏事发生时，我可以选择成为一个受害者，也可以选择从中学些东西。我选择从中学习。每次有人跑到我面前诉苦或抱怨，我可以选择接受他们的抱怨，也可以选择指出事情的正面。我选择后者。"

"是！对！可是没有那么容易吧。"比尔立刻声明。"就是有那么容易。"杰瑞答道："人生就是选择。当你把无聊的东西都剔除后，每一种处境就是面临一个选择。你选择如何去面对各种处境；你的选择影响你的情绪；你选择心情舒畅还是糟糕透顶。归根结底，你自己选择如何面对人生。"

比尔受到杰瑞一番肺腑之言的影响，没过多久，就离开了饭店业去开创自己的事业。

几年后，杰瑞出事了：有一天早上，他忘记了关后门，被三个持枪的强盗拦住了。强盗因为紧张而受了惊吓，对他开了枪。幸运的是，杰瑞被及时发现并送进了急诊室。经过 18 个小时的抢救和几个星期的精心照料，杰瑞出院了，只是仍有小部分弹片留在他的体内。

事情发生后 6 个月，比尔见到了杰瑞，问他近况如何，他答道："我快乐无比。想不想看看我的伤疤？"比尔趋身去看了他的伤疤，又问他当面对强盗时，他想些什么？"第一件在我脑海中浮现的事是，我应该关后门。"杰瑞答道，"当我躺在地上时，我对自己说有两个选择：一是死，一是活。我选择了活。"

"你不害怕吗？有没有失去知觉？"比尔问道。杰瑞继续说："医护人员都很好。他们不断告诉我，我会好的。但当他们把我推进急诊室后，我看到他们脸上的表情，从他们的眼中，我读到了：他是个死人。我知道我需要采取一些行动了。""你采取了什么行动？"比尔赶紧问。

"有个身强力壮的护士大声问我问题，她问我有没有对什么东西过敏。我马上答，有的。这时，所有的医生、护士都停下来等着我说下去。我深深地吸了一口气，然后大声吼道：'子弹！'在一片大笑声中，我又说道：'我选择活下来，请把我当活人来医，而不是死人。'"杰瑞活了下来，一方面要感谢医术高明的医生，另一方面得感谢他那积极乐观的生活态度。

我们总会遇到很多挫折和伤害，如果我们采取了正确的态度去看待，一切困难都可以迎刃而解。我们一方面要做出正面的选择，同时在日常生活中也要时时注意自己的言行，尽量别伤害到他人。如果这两点都能做到的话，相信我们每个人都能够很好地相处，那么在你我的周围就都能看到充满温暖的阳光了。

塞翁失马，焉知非福

有一个福祸双至的故事。故事说，很早很早以前，有一个年轻人，愿上天能赐予他最大的幸福。他日复一日地虔诚地向神佛祈祷。他的诚心终于感动了上天。一天夜里，他听到有敲门声，当他把门打开时，看到一位美丽的姑娘，她的声音非常美妙，犹如黄莺出谷一般："我是负责管理幸福的女神，是吉祥天神。"

年轻人不禁喜出望外，立刻邀请她进屋里坐。吉祥天神含笑对他说："请等一等，我还有一个妹妹，她跟我是形影不离的！"随即将站在其身后暗处的妹妹介绍给年轻人。

当年轻人看清妹妹的面孔后，不禁大惊失色，心想，世界上怎么会有如此丑陋的人？

他疑惑地问吉祥天神："这位姑娘真的是你的妹妹吗？"

吉祥天神严肃地回答："她就是我的妹妹，叫黑暗天神，是掌管不幸的女神。"

年轻人听了连忙恳请："只要你进来就行了，叫黑暗天神留在门外好吗？"

吉祥天神回答道："你的要求恕我无法接受，因为我和我的妹妹从小到大都是形影不离的。"年轻人听了深感苦恼，而迟迟不能决定。

这时，吉祥天神说话了："如果你还是难以决定，那我俩就告辞了。"当年轻人还在犹豫不决时，她们很快就消失了。

老子说："祸兮，福之所倚；福兮，祸之所伏。"在灾祸的里面，未必不隐藏着幸福，而在幸福之中，未必不隐含着祸患的根源。人常说，天有不测风云，人有旦夕祸福。

福与祸是一体的两面，是分不开的。福也好，祸也罢，有时发生在瞬间，仅仅就是一念之差。人生在世，如果不懂得这其中的道理，就会受到福祸的捉弄，即使幸福来临，也会失去。

在荆棘密布的人生旅途上奔波忙碌的凡人，总少不了几多困惑，几丝烦恼，几多无奈，而人的这些烦恼和无奈也往往源于自己本身，因为总是高标准、严要求自己，令自己陷入"活给别人看，看着别人活"的迷宫而不能自拔。同样的半杯水，消极者说："我只剩下半杯水。"积极者说："我还有半杯水。"也就是说，怎样看同一个问题，心态起着决定性作用。

冷眼看世态，名苦利苦是非苦，欢颜向人生，你乐我乐大家乐，只有快乐，取悦了自己，高兴了别人，何乐而不为呢？要知道天下没有免费的午餐，也无不散的筵席。无奈多于喜悦，所以我们要练就承受得起多种挫折与磨难的基本功，拥有乐观、豁达的个性和精神面貌，凡事以一颗宽恕心态去对待，以健全奋发向上的积极心态去对待。只有这样，遇到不顺心的事和面对挫折时，才能使自己从"山重水复疑无路"的阴影中步入"柳暗花明又一村"的境界。

所以，当"祸"降临时，我们不要沮丧，因为风雨过后才会有更美丽的天空；而当"福"来临时，我们也不要得意，因为大海里汹涌的波涛都隐藏在平静的海面下。凡事都以宽恕心态看待，你会发现，生活对于每一个人都是公平的。

输赢之后的价值，你看得到吗

犹太人有段谚语很有意思：如果断了一条腿，你就该感谢上帝没有折断你的两条腿；如果断了两条腿，你就该感谢上帝没有扭断你的脖子；如果断了脖子，那也就没有什么好担忧的了。

从前，有个国王喜爱打猎。有一次在追捕猎物时，不幸弄断了一节食指。国王剧痛之余，立刻招来智慧大臣，征询他们对意外断指的看法。智慧大臣仍轻松自在地对国王说这是一件好事，并请国王往积极方面去想。

国王闻言大怒，以为智慧大臣幸灾乐祸，即命侍卫将他关到监狱。

待断指伤口愈合之后，国王又兴冲冲地忙着四处打猎，却不料祸不单行，又被丛林中的野人活捉。

依照野人的惯例，必须将活捉的这队人马的首领献祭给他们的神。祭奠仪式刚开始，巫师发现国王断了一截食指，而按他们的部族的律例，献祭不完整的祭品给天神，是会遭天谴的。野人连忙将国王解下祭坛，驱逐他离开，另外抓了一位大臣献祭。

国王狼狈地回到朝中，庆幸大难不死。忽而想起智慧大臣所说，断指确是一件好事，便立刻将他从牢中放出，并当面向他道歉。

智慧大臣还是保持他的积极态度，笑着原谅国王，并说这一切都是好事。

国王不服气地质问："说我断指是好事，如今我能接受；但若说因我误会你，而将你关在牢中受苦，难道这也是好事？"

智慧大臣微笑着回答："臣在牢中，当然是好事，陛下不妨想想，如果臣不在牢中，那么，今天陪陛下打猎的大臣会是谁呢？"

我们都知道塞翁失马的故事，说的也是这个道理。生活中，我们总是会拥有很多东西，但同时也会失去一些东西。一个人不可能毫无失去就能完全拥有，那不是真正的生活。有时失去意味着另一种获得，有时失去让我们发现还有其他美好的事物依然存在，也因此，这样的获得和存在会更让人珍惜。

如果我们失去了太阳的照耀，还有星星和月亮的拥抱；如果我们失去了山的磅礴雄伟，还有海的博大精深；如果我们失去了金钱的享受，还有亲情和友情的温暖；如果我们失去了权利，还有人性的纯朴；如果我们失去了雨露的滋润，还有江河的灌溉；如果我们失去了生命，还能和大地亲吻，在微笑中笑看新生命的诞生……

生活有时也会因为一些失去反而变得更完美。失去了，我们还可以争取找回来，如果找不回来，还可以去发现新的、更好的。当我们失去爱人，别忘了还有夏天的热烈，可以让我们再次寻找爱；当我们失去爱心，别忘了还有春天的温馨，而春还能让我们找回那颗爱之心；当我们失去了希望，别忘了去秋天的收获中寻觅；当我们失去意志，别忘了还有冬天的坚韧让我们锤炼……

让我们用一颗宽恕的心态去对待生活中的拥有与失去，凡事看得淡一点，知足常乐，会让自己的生活轻松愉快，如果太贪心，总想得到很多又无法面对失去，那终究会成为一种生活的负荷与累赘，让你疲惫不堪而逐渐失去人生的乐趣。既然这样，那么，让我们还是选择平静与淡泊吧，好好珍惜自己拥有的，正确面对已经失去的，给自己一份快乐的好心情、好生活。

心中的绳结，你解开了吗

我们偶尔会莫名的烦恼，这主要是因为我们的心中都打了或多或少的绳结，它们的存在使我们不能痛快地享受生活的乐趣，无法看到人生的美景。

其实，聪明人都应该培养自己摆脱绳结的能力，这样才能使我们以一颗宽容的心来看待生活中的烦恼，进而摆脱烦恼。

古希腊的佛里几亚国王葛第士以非常奇妙的方法在战车的轭上打了一串结。他预言：谁能打开这串结，谁就可以征服亚洲。一直到公元前334年，仍然没有一个人能成功地将结打开。

这时，亚历山大率领军队入侵小亚细亚，他来到葛第士绳结的车前，毫不犹豫地拔剑砍断了绳结。后来，他果然占领了比希腊大50倍的波斯帝国。

另有一个类似的故事：有一个小孩上山砍柴的时候被毒蛇咬伤了脚趾。他疼痛难忍，而医院却在很远的小镇里，孩子果断地用砍柴的镰刀砍断了自己的脚趾，然后忍着剧痛艰难地走到了医院。尽管他少了一个脚趾，但他却用短暂的疼痛换来了自己的性命。

两个小故事的主人公虽然年龄、背景、经历不同，但他们有一个共同之处，就是敢于放下。在某个特定的时期，只有敢于放下，才能更好地获得长远的利益。当然，在这个过程中，我们不能太看重自己所放下的东西，把它看成平常之事是很重要的。因为过分牵挂已经不属于自己的东西只会搅乱自己的心绪，而不能给我们带来一点正面的收获。

在现实生活中，困扰我们的绳结不仅仅存在于我们的身边，也可能在我们的心中。

有一个年轻人从家里出门，在路上看到了一件有趣的事，正好经过一家寺院，便想考考老禅师。他说："什么是团团转？"

"皆因绳未断。"老禅师随口答道。

年轻人听了大吃一惊。

老禅师问道："什么事让你这样惊讶？"

"不，老师父，我惊讶的是，你是怎么知道的呢？"年轻人说，"我今天在来的路上看到了一头牛被绳子穿了鼻子，拴在树上，这头牛想离开这棵树，到草场上去吃草，谁知它转来转去，就是脱不开身。我以为师父没看见，肯定答不出来，没想到你一口就说中了。"

老禅师微笑道："你问的是事，我答的是理；你问的是牛被绳缚而不得脱，我答的是心被俗务纠缠而不得解脱，一理通百事啊。"

年轻人大悟。

一只风筝，再怎么飞，也飞不上万里高空，是因为被绳子牵住；一匹马再怎么烈，也被马鞍套上任由鞭抽，是因为被绳子牵住。因为一根绳子，风筝失去了天空；因为一根绳子，水牛失去了草地；因为一根绳子，大象失去了自由；还是因为一根绳子，骏马失去了驰骋。

细想想，我们的人生不也常被某些无形的绳子牵住了吗？某一阶段情绪不太好，是不是自己也存在某种心锁？这则故事是不是也能给自己带来一些启示呢？

其实，人生中不如意事十之八九，得失随缘吧，不要过分强求什么，不要一味地去苛求些什么，世间万事转头空，名利到头一场梦，想通了，想透了，人也就透明了，心也就豁然了。

名利是绳，贪欲是绳，嫉妒和偏狭都是绳。一个人，只有摆脱这些心的绳索，才能享受到真正的幸福，才能体会到做人的乐趣。

想法不同，态度就会不同

小李从小生活在一个环境很好的家庭，备受父母宠爱。后来考上了大学，读了一个自己喜欢的专业，毕业后也没费什么周折，进了一家大型企业。那年，他才 20 岁，尚是一个毛头小伙子。

他满怀希望和信心走上了工作岗位。然而，接下来的一切却让他始料未及：单位的人际关系非常复杂，而他却是那么单纯，甚至有些天真，他说话做事都率性而为，不懂得收敛。渐渐地，他听到了一些议论，说他年轻气盛，做事毛糙，等等。从小就养尊处优惯了的他，那一段日子很沮丧。

他回家后把在单位遇到的种种不愉快说给父亲听。他的父亲给他讲了一个故事：有一个人在一次车祸中不幸失去了双腿，那个人的朋友和亲戚都来慰问，表示了极大的同情。而他却回答道："这事的确很糟糕。但是，我却保存下了性命，并且我可以通过这件事认识到，原来活着是一件多么美好的事情——而以前我却从未这样清醒地认识过。现在，你们看，我不是一样顺畅地呼吸，一样欣赏天边的云朵和路边的野花吗？我失去的只是双腿，但却得到了比以前更加珍贵的生命。"

父亲说："这个遭遇车祸的人是个智者，他知道失去了双腿是一件已经发生的事实，哪怕再痛苦也改变不了。所以，他换了一个角度，同样一件事情，他能够找到积极的那一面。而你……"他的父亲顿了顿，接着说，"和同事之间相处得不愉快，作为一个刚刚走上社会的新人来说也是正常的。单位毕竟不是家庭，会有各种各样的矛盾。你应该换个角度，把这种不愉快看作是对自己的砥砺，通过这种磨炼使自己尽快成熟起来。从这个角度看，你现在所面临的境况，恰恰是你成长过程中的一笔财富。"

父亲的一番话让他豁然开朗。回到单位之后，每当再遇到不顺心的事情，他就想，换个角度，这是一件好事情，它至少说明我有不足甚至不对的地方，我得改正自己。如果确实不是他自己的问题，他也不再像以前那样气恼，而是想，换个角度，说明别人对我的要求比较高，我得加把劲儿。同样的一件事情，过去给他带来的是烦恼、苦闷，而现在带给他的则是积极向上的动力。

两千多年前的老子清醒地认识到人类贪欲自私的弱点，告诫世人要千万注意，不要因争名逐利而丧身，要克制自己的欲望，"见素抱朴，少私寡欲"。顺应自然，知足知止，要知道"甚爱必大费，多藏必厚亡"的道理，物极必反，过分的爱惜会导致极大的耗费，过多的敛取必定导致重大的损失，盛极而衰，是历史所证明了的。所以，在名与利、得与失上，要时时刻刻保持清醒的头脑和明智的选择，只有这样，才可以"知足不辱，知止不殆"，你的生命、名声、利益才"可以长久"。

我们可以这样想想：

吃了亏的人说：吃亏是福。

丢了东西的人说：折财免灾。

逃过一劫的人说：大难不死，必有后福。

受人欺负的人说：不是不报，时候未到。

卸任的官员说：无官一身轻。

生不逢时的人常常用阿 Q 的话说：先前比你阔多了。

没钱人的太太说：男人有钱就变坏。

惧内的丈夫说：有人管着好呀，啥事都不用操心。

夫不下厨，妻跟人说：整天围着锅台转的男人没出息。

住在顶楼的说：顶楼好啊，上下楼锻炼身体，空气新鲜，还不受人骚扰。

住在一楼的人说：一楼好啊，出入方便，省得爬楼梯，怪累的。

被老板炒了鱿鱼，他对人说：我把老板炒了。

倘若你的心境因凡尘变得支离破碎，请别消极，请尝试站在新的角度，以一颗积极健全的心去对待生活中的点点滴滴。也只有这样，我们才能轻松、愉悦地走过人生的风风雨雨！

放下是另一种睿智

一个老人在行驶的火车上，不小心把刚买的新鞋弄掉了一只，周围的人都为他惋惜。不料那老人立即把第二只鞋从窗口扔了出去，让人人吃一惊。老人解释道："这一只鞋无论多么昂贵，对我来说也没有用了，如果有谁捡到一双鞋，说不定还能穿呢！"

显然，老人的行为已有了价值判断：与其抱残守缺，不如断然放下。我们都有过某种重要的东西失去的经历，且大都在心理上投下了阴影。究其原因，就是我们没有调整心态去面对失去，没有从心理上承认失去，总是沉湎于已经不存在的东西。事实上，与其为失去的而懊恼，不如正视现实，换一个角度想问题：也许你失去的，正是他人应该得到的。

生活中，我们时刻都在取与舍中选择，我们又总是渴望着取，渴望着占有，常常忽略了舍，忽略了占有的反面——放下。懂得了放下的真意，也就理解了"失之东隅，收之桑榆"的真谛。懂得了放下的真意，静观万物，体会与世界一样博大的境界，我们自然会懂得适时地有所放下，这正是我们获得内心平衡，获得快乐的好方法。

什么应该放下？放下失恋带来的痛楚，放下屈辱留下的仇恨，放下心中所有难言的负荷；放下浪费精力的争吵，放下没完没了的解释；放下对权力的角逐，放下对金钱的贪欲，放下对名利的争夺……

然而，放下并非易事，需要很大的勇气。面对诸多不可为之事，勇于放下，是明智的选择。只有毫不犹豫地放下，才能重新轻松投入新生活，才会有新的发现和转机。

放下不是不思进取，恰到好处地放下，正是为了更好地进取，常言道：退一步，海阔天空。

人生短暂，与浩瀚的历史长河相比，世间的一切恩恩怨怨、功名利禄皆为短暂的一瞬，福兮祸所伏，祸兮福所倚。得意与失意，在人的一生中只是短短的一瞬。行至水穷处，坐看云起时。古今多少事，都付笑谈中。

普希金在一首诗中写道："一切都是暂时的，一切都会消逝；让失去的变为可爱。"有时，失去不一定是忧伤，反而会成为一种美丽；失去不一定是损失，反倒是一种奉献。只要我们抱着积极乐观的心态，失去也会变得可爱。

放下是一种睿智，它可以放飞心灵，可以还原本性，使你真实地享受人生；放下是一种选择，没有明智的放下就没有辉煌的选择。进退从容，积极乐观，必然会迎来光辉的未来。放下绝不是毫无主见，随波逐流，更不是知难而退，而是一种寻求主动、积极进取的人生态度。

用宽恕来感受生活

道树禅师建了一所寺院，与道士的"庙观"为邻。道士每天变一些妖魔鬼怪来扰乱寺里的僧众，要把他们吓走。今天呼风唤雨，明天风驰电掣，确实将不少年轻的沙弥都吓走了。可是，道树禅师却在这里一住就是 10 多年。到了最后，道士所变的法术都用完了，道树禅师还是没走，道士无法，只得将道观放下，迁离它地。

后来，有人问道树禅师："道士们法术高强，您怎能胜过他们呢？"

禅师说："我没有什么能胜他们的，勉强说，只有一个'无'字能胜他们。"

"无，怎能胜他们呢？"

禅师说："他们有法术，有，是有限、有尽、有量、有边；而我无法术，无，是无限、无尽、无量、无边；无和有的关系，是以不变应万变。我'无变'当然会胜过'有变'了。"

人的生命只有一次，而这仅有的一次生命长则不过百年，短则刚出生就会夭折。正因为如此，生命就显得太宝贵了。面对如此宝贵的生命我们不得不问一问自己：我们选择怎样的人生道路才能够享受生命的全部乐趣，而在人生的尽头可以毫无遗憾地含笑离去呢？

向着理想而奋斗，要注意无为而为。有意发展，无意成功，也就是锲而不舍，功到自然成。一心向着理想，不问结果。

要保持一颗宁静的宽恕心态，宁静是一种人生感悟、一种铭心刻骨的体验。以宁静之心应对纷繁复杂的烦躁之遇，以不变应万变，从而学会欣赏生命，阅读人生，尽览人间万象，品味自然神韵。

其实，成败得失都有其自然法则，毁誉褒贬皆为平常中的道理。只要怀有一颗平常之心，我们就能做到豁达而不失节制，恬淡而不失执着，宁静而不失勤勉；就能领悟到苦乐酸甜悲喜之中皆包含着真滋真味，沉浮兴衰枯荣的更迭交替中也隐藏着自然的深奥玄机，也各有各的况味。

如果我们有了一颗宽恕之心，凡事皆可以用不变的平常心去面对。

加拿大魁北克省有一条南北走向的山谷，山谷没有什么特别之处，唯一能引人注意的是它的西坡长满松、柏、女贞等树，而东坡却只有雪松。为什么会有这样的奇异景色呢？揭开这个谜底的，是一对夫妇。

那是1993年的冬天，这对夫妇的婚姻正濒于破裂的边缘。为了找回昔日的爱情，他们打算来一次浪漫之旅，如果能找回就继续在一起，否则就友好分手。他们来到这个山谷的时候，下起了大雪，他们支起帐篷，望着漫天飞舞的大雪，发现由于特殊的风向，东坡的雪总比西坡的大且密。不一会儿，雪松上就落了厚厚的一层雪。不过当雪积到一定程度，雪松那富有弹性的枝丫就会向下弯曲，直到雪从枝上滑落。这样反复地积，反复地弯，反复地落，雪松完好无损。可其他的树，因为没有这种本领，树枝被压断了。妻子发现了这一景观，对丈夫说："东坡肯定也长过杂树，只是不会弯曲才被大雪摧毁了。"刹那间，两人突然明白了什么，拥抱在一起。

生活中我们承受着来自各方面的压力，日积月累终将让我们难以承受。这时候，我们需要像雪松那样弯下身来，释下重负，才能够重新挺立，避免被压断的结局。弯曲，并不是低头或失败，而是一种弹性的生存方式，是一种生活的艺术。

凡事皆有度，不用太强求

有一个孤儿，向高僧请教如何获得幸福，高僧指着一块陋石说："你把它拿到集市去，但无论谁要买这块石头你都不要卖。"孤儿来到集市卖石头，第一天、第二天无人问津，第三天有人来询问，第四天，石头已经能卖到一个很好的价钱了。

高僧又说："你把石头拿到石器交易市场去卖。"第一天、第二天人们视而不见，第三天，有人围过来问，以后的几天，石头的价格已被抬得高出了石器的价格。高僧又说："你再把石头拿到珠宝市场去卖……"

你可以想象得到，又出现了那种情况，甚至于到了最后，石头的价格已经比珠宝的价格还要高了。

其实世上人与物皆如此，如果你认定自己是一个不起眼的陋石，那么你可能永远只是一块陋石；如果你坚信自己是一块无价的宝石，那么你可能就是一块宝石。

我们要勇敢些，不要因为自己在某些方面表现失败就退缩到一个阴暗的角落里，以自我为圆心，让周围的影子把自己包围，却在那儿唉声叹气，祈求上帝的怜悯。上帝不会因为偏爱为你掀开红盖头。

与其躲在自己的影子里叹气，倒不如正视自己，坦然一些，豁达一些，正确找到自己的优势与劣势，进而找到自己的人生坐标。

某公司因业务经营需要，老总亲自到一间电子学校去招聘一批营业员，面试中，他遇到了一个让自己不能释怀的应聘者。

他是一位刚毕业的应届生，他自我介绍说：我18岁，来自厦门，毕业于××电子职业中专，开朗、随和，懂得尊重别人，因为要得到别人的尊重，你必须先尊重别人。我从小身处逆境，6岁时的一次事故导致左眼失明，有同学叫我"独眼龙"。在学习和工作中，我用我的勤奋和努力来弥补我的不足。

面试结束，男孩走到门口的时候，转过身来，向老总深深地、毕恭毕敬地鞠了一个躬，道了一声"谢谢"。

回来的车上，老总唏嘘不已："可惜了这孩子，太令人感动了，如果是脚瘸一点，公司还可以要，可惜偏偏问题出在五官上。"

虽然没能录取他，但老总还是给他的培训主任打了电话，请培训主任转告男孩他的歉意和感动，为在逆境中能够正视自己缺陷和追求认同的勇气而感动，希望他在这一次的挫折中不要灰心难过。

一个有缺陷的男孩尚能正视自己，何况我们健全的人呢？

大千世界，万事万物不都在表现自己吗？孔雀开屏、白鹤亮翅，百花争艳、万紫千红，一粒种子也总要发芽，一株小草也总要绽绿，星星之火可以燎原，涓涓溪流汇成江海。——他们不都在表现自己吗？正是因为有了他们多姿多彩的表现，我们的世界才如此精彩。小小的生物尚能如此，更何况是我们人类呢？

人不仅应该表现自己，更要敢于表现自己。巴西的"民族英雄"球王贝利，在 20 世纪 50 年代的球场上被啦啦队斥为"蠢货"，说什么"黑货色"吃不了足球这碗饭。然而，他面对这些人的冷嘲热讽毫不退缩，他用破布扎成"足球"在大街上练，几年后，他如一匹绿茵场上的黑马，纵横驰骋五大洲，其名更是蜚声全球。这个故事又给我们怎样的启示呢？

大不了从头再来

在美国，有一位穷困潦倒的年轻人，即使在身上全部的钱加起来都不够买一件像样的西服的时候，仍全心全意地坚持着自己心中的梦想，他想做演员，拍电影，当明星。

当时，好莱坞共有 500 家电影公司，他逐一数过，并且不止一遍。后来，他又根据自己认真拟定的路线与排列好的名单顺序，带着自己写好的量身定做的剧本前去拜访。但一遍下来，所有的 500 家电影公司没有一家愿意聘用他。

面对百分之百的拒绝，这位年轻人没有灰心，从最后一家被拒绝的电影公司出来之后，他又从第一家开始，继续他的第二轮拜访与自我推荐。

在第二轮的拜访中，500 家电影公司依然拒绝了他。

第三轮的拜访结果仍与第二轮相同。这位年轻人又开始他的第四轮拜访，当拜访完第 349 家后，第 350 家电影公司的老板破天荒地答应愿意让他留下剧本先看一看。

几天后，年轻人获得通知，请他前去详细商谈。

就在这次商谈中，这家公司决定投资开拍这部电影，并请这位年轻人担任自己所写剧本中的男主角。

这部电影名叫《洛奇》。

这位年轻人的名字叫席维斯·史泰龙。现在翻开电影史，这部叫《洛奇》的电影与这个日后红遍全世界的巨星皆榜上有名。

很多时候，我们自认为"不走运"，于是伴随我们的可能是消极抑郁、悲观绝望的情绪。"假如生活欺骗了你"，事情的结局太出乎我们预料，对自己打击太大，不妨反复吟诵"牢骚太盛防肠断，风物长宜放眼量"的佳句，笃信"乐极生悲""苦尽甘来"的哲理，不要忧愁，不要悲伤，不要心急，更不要凄凄惨惨戚戚。

应该知道，世界上有许多事情，是没法尽如我们心意的。同时，我们个人的力量也是有一定限度的，不要把这些不尽如人意的事情变成我们的困扰，学会把它们当成人生道路上必须要跨越的沟沟坎坎。

在这个世界上，有阳光，就必定有乌云；有晴天，就必定有风雨。从乌云中解脱出来的阳光比从前更加灿烂，经历过风雨的天空才能绽放出美丽的彩虹。人们都希望自己的生活中能够多一些快乐，少一些痛苦，多些顺利，少些挫折。可是命运却似乎总爱捉弄人、折磨人，总是给人以更多的失落、痛苦和挫折。此时，我们要知道，困境和挫折也不一定会是坏事。它可能使我们的思想更清醒，更深刻，更成熟，更完美。

第八章　放下烦恼，
把烦恼都关在门外

不要让琐事牵绊自己，把烦恼关在门外。因为生命中的许多东西是不可以强求的，生活本身就没有绝对公平，生活需要张弛有道，我们要做的是珍惜每一天，活在喜悦中。

烦恼的根本在于想不开

人的烦恼，都是因为有爱。有了爱往往又产生恨，有了爱也可能带来空虚的感觉以及无法避免的压力。这是因为在"小爱"的烦恼中摆脱不出来，所以会有种种的苦。若真的要能解脱出来，就必须把爱的心门再打开一点。能够发挥"大爱"的精神，就不会被"小爱"的执着束缚住，因而造成人生的痛苦。

在这两天的时间内，我看到了三种爱。第一对夫妻，由一群朋友陪着来看我时，先生非常虔诚地跪拜，而太太一跪下来就泣不成声！后来先生才轻声地说：师父，过去我做了　些对不起太太的事。我自知错了，现在真的要改了。

我告诉那位太太：怎么样呀？你听到先生这些话，心中有什么感想呢？

太太说：我真的很想死，我什么都不要，觉得做人实在没什么价值。

原来，这对夫妻过去有一段感情的问题，他们的经济环境很好，但先生曾经一时迷失在歌舞场中，心被另外的美色所迷。太太发现先生对不起她后，心结从此就打不开了。由于她无法原谅先生，几年下来就得了忧郁症。整天以泪洗面，看她的眼睛红肿，似乎眼泪不曾停过，真的很苦啊！

苦在哪里？苦在"爱"看不开，她被"小爱"束缚了。即使先生已经从迷途回头，表现得十分体贴、温柔，但她还是不能打开心门。他们有两个小孩，她也很关心孩子，但是这份执着的烦恼让她数次想寻短见，这是一种很矛盾的心态。

还有一位，也是因为爱。爱太过头，所以她的心灵空虚了。先生对她很好，很老实，很会赚钱，对太太百依百顺，可以说是一点缺点都没有的人，太太对先生真是无可挑剔了！他们只有一个孩子，她把爱全部都放在孩子身上。

她觉得在台湾的孩子读书很辛苦，希望到国外找一个轻松的教育环境，同时又能让孩子接受高等教育。所以，她想尽办法让孩子出国。因为是偷渡入境，所以孩子无法正式入学。她就用另一个方式去办手续，小孩终于在国外一所很好的学校读书了。然而，现在那个国家发现她有偷渡的纪录，再也不让她入境看孩子了。

因为这样，现在她的心已经完全空掉了。无法正常生活，坐立不安，觉得天要塌下来了。我说："你应该多去看看各式各样的人生，看看人家，再观照自己。"

先生怕太太被我"说"得太重，赶紧说："她平常也是很好，她的心地很善良……"

你看，她周围的爱是多么充分，但她却口口声声地说："我的心很空虚！"爱多得已经满出来了，所以不觉得有什么可贵，像这种痛苦，也是很烦恼啊！

西方人说："同一件事，想开了就是天堂，想不开就是地狱。"人的烦恼多半来自于自私、贪婪，来自于妒忌、攀比，来自于自己对自己的苛求。

托尔斯泰就曾说过："大多数人想改变这个世界，但却极少有人想改造自己。"

古人说："境由心造"。

一个人是否快乐，不在于他拥有什么，而在于他怎样看待自己拥有的。

每天早晨醒来想想一天要做的工作是多么有意义，满怀信心地去迎接新的一天，然后在工作、生活中享受这个过程，当你安心地躺下来，今天已然成为昨天，明天还很遥远，享受今天。

快乐是一种积极的心态，是一种纯主观的内在意识，是一种心灵的满足程度。

一个人能从日常平凡的生活中寻找和发现快乐，就会找到幸福。

我们觉得满足和幸福，我们就快乐。我们的心里灿烂，外面的世界也就处处沐浴着阳光。

播下一种心态，收获一种性格；播下一种性格，收获一种行为；播下一种行为，收获一种命运。人的心态变得积极，就可以得到快乐，就会改变自己的命运。

乐观豁达的人能把平凡的日子变得富有情趣，能把沉重的生活变得轻松活泼，能把苦难的光阴变得甜美珍贵，能把烦琐的事变得简单可行。

去工作而不要光以挣钱为目的；去爱而忘记所有人对我们的贬低；去给予而不要计较能否得到超值的回报；去欢唱而无须在意人们的目光。这样快乐地去生活，去感觉，去释放自己的内在，把整个人放松，让心思集中在你做的事上，而不必在意外在的一切，让内在得到彻底地展现。

欢喜自在一念间

人生难免有种种烦恼，唯有真正透彻、体悟真理，才能得以解脱。其实若能多用心，这并不困难。至于人生的终点在何处？我们都不需担心！唯有把握现在，此时此刻去付出，才是自己的福，也是真正的修行。

能正视生死的人，便能以安然自在的态度去面对一切。贫困的南非黑人，整日与垃圾为伍，生活却自得其乐，只要常存感恩、知足的心，处在任何境界都能欢喜自在！

看看医院中的患者，有的人病得很严重，痛苦难堪；但有的人却安然自在。痛苦不堪是否代表病情很重呢？安然自在是否表示他的病情较轻呢？其实，这只不过是一念心而已。

有的人生命已到了尽头，却仍然很安然自在，这就是心灵的解脱。他把生死视为很正常的过程，没有什么好怕、好烦恼的，所以很泰然。而且，要在平常就能看开生与死；若能突破这道关卡，人生就没有什么好烦恼了。

每个人心中都有一份感恩，付出的人感恩受施的人；受施的人感恩付出的人，这种受和施相互感恩，真是人生一大快乐啊！所以说，无论贫者或付出者，只要心中常存感恩、知足、知福，处于何种境界都能欢喜自在，这完全只在于一念心啊！

我们学佛，要学得轻安、自在。人生能轻安、自在，真不简单啊！不过，也因为不简单，所以才要"修行"，要精进用心学习。

一般人心中的烦恼、惶恐、担忧等，皆离不开贫、病、死。有谁能在环境贫困时不忧愁、不烦恼？面对病痛时，能泰然、不惶恐？面对死亡时，能无挂碍呢？

放不下，你就会一直烦恼

我们应该学习放下那些不适合我们的人、事、物，这样才有机会能够获得更多属于我们的幸福！

有时候觉得不如意的事总是凑在一块，然后自己还要编个理由说这是另一种缘分！一段恋情的结束意味着崭新的开始，是有了能再次与他人邂逅的机会！旧情人就如同家里过多的衣服一般，明知有一堆衣服不会再去穿了，却因觉得可惜一直不舍得丢弃，但唯有下定决心将它们清仓打包丢进回收桶，才能重新获取缘分！

有一个农夫，礼请觉悟禅师到家里来为他的亡妻诵经超度，佛事完毕以后，农夫问道："禅师！你认为我的太太能从这次佛事中得到多少利益呢？"

觉悟禅师照实地说道："当然！佛法如慈航普度，如日光遍照，不只是你的太太可以得到利益，一切有情众生无不得益。"

农夫不满意道："可是我的太太是非常娇弱的，其他众生也许会占她便宜，把她的功德夺去。能否请您只单单为她诵经超度就好，不要回向给其他的众生。"

觉悟禅师慨叹农夫的自私，但仍慈悲地开导道："回转自己的功德以趋向他人，使每一众生均沾法益，是个很讨巧的修持法门，'回向'有回事向理、回因向果、回小向大的内容，就如一光不是照耀一人，一光可以照耀大众，就如天上太阳一个，万物皆蒙照耀，一粒种子可以生长万千果实，你应该用你善心点燃的这一根蜡烛，去引燃千千万万支蜡烛，不仅光亮增加百千万倍，本身的这支蜡烛，并不因而减少亮光。如果人人都能抱有如此观念，则我们微小的自身，常会因千千万万人的回向而蒙受很多功德，何乐而不为呢？故我们佛教徒应该平等看待　切众生！"

农夫仍是顽固地说道："这个教义很好，但还是要请法师破个例，我有一位邻居老赵，他对我可说是欺我、害我，能把他除去在一切有情众生之外就好了。"

　　觉悟禅师以严厉的口吻说道："既曰一切，何有除外？"

　　农夫茫然，若有所失。

　　人性之自私、计较、狭隘，于这位农夫身上可以完全看出。只要自己快乐，自己所得所有，管他人的死活？庶不知别人都在受苦受难，自己一个人怎能独享？无论事相上有多少差别，但在道理上则无多少差别，一切平等。等于一灯照暗室，举室通明，何能只照一物，他物不能沾光？懂得一切的人，才能拥有一切；舍弃一个，就是舍弃一切。舍弃一切，人生还拥有什么？

生活的剧本需要我们本色出演

　　想要生活得快乐，最重要的就是保持自己的本色。你只能唱你自己的歌，你只能画你自己的画，你只能做一个由你的经验、你的环境和你的家庭所造成的你。不论好坏，你都得自己创造自己的小花园；不论好坏，你都得在生命的交响乐中演奏你自己的小乐器。

　　智能和尚有位朋友周施主已经结婚 18 年多了，在这段时间里，从早上起来，到他要上班的时候，他很少对自己的太太微笑，或对她说上几句话。周施主觉得自己是百老汇最闷闷不乐的人。后来，在周施主参加的继续教育培训班中，他被要求准备以微笑的经验发表一段谈话，他就决定亲自试一个星期看看。现在，周施主要去上班的时候，就会对大楼的电梯管理员微笑着，说一声"早安"；他以微笑跟大楼门口的警卫打招呼；他对地铁的检票小姐微笑；当他站在交易所时，他对那些陌生人微笑。

　　周施主很快就发现，每一个人也对他报以微笑。他以一种愉悦的态度来对待那些满肚子牢骚的人。他一面听着他们的牢骚，一面微笑着，于是问题就容易解决了。周施主发现微笑带给自己更多的收入，每天都带来更多的钞票。周施主跟另一位经纪人合用一间办公室，对方是个很讨人喜欢的年轻人。周施主告诉那位年轻人自己最近在微笑方面的体会和收获，并声称自己很为所得到的结果而高兴。那位年轻人承认说："当我最初跟您共用办公室的时候，我认为您是一个非常闷闷不乐的人。直到最近，我才改变看法：当您微笑的时候，充满了慈祥。"

你的笑容就是你好意的信使。你的笑容能照亮所有看到它的人。对那些整天都看到皱眉头、愁容满面的人来说，你的笑容就像穿过乌云的太阳；尤其对那些受到上司、客户、老师、父母或子女的压力的人，一个笑容能帮助他们看到一切都是有希望的，也就是世界是有欢乐的。

世界上的每一个人都要追求幸福，有一个可以得到幸福的可靠方法，就是以控制你的思想来得到。幸福并不是依靠外在的情况，而是依靠内心的感受。记住：微笑能改变你的生活。如果你不喜欢微笑，那怎么办呢？那就强迫你自己微笑。如果你是单独一个人，强迫你自己吹口哨，或哼一曲，表现出你似乎已经很快乐，这就容易使你快乐了。

勿用烦恼面对一切

无论周遭事物如何糟糕，我们都要抛却杂念，换一种眼光看它，以积极的心态面对它，改变它。其实生活中有许多感人的地方，是我们自己忽略了，让其从身边溜走。如果能经常换一种心境去看待，就会多了许多美好。

我们生活的这个世界是什么样子？莎士比亚曾说："一千个观众眼中有一千个哈姆雷特。"佛家有言："心存牛粪，看人都是牛粪；心存如来，看人都是如来。"每个人对世界、对人对物都有自己的看法，美好还是丑恶，快乐还是痛苦，完全取决于一个人的心境。

我们所看到的是什么样的世界，完全取决于我们的内心。假使我们以嗔恨之心去看世界，那么我们看到的就是罗刹世界；

假使我们以贪欲之心去看世界，则会看到饿鬼世界；假使我们以怨恨、嫉妒之心去看世界，那么我们看到的就是阿修罗世界。

换一种心境，假使我们能够放下我们痛苦的烦恼心，以清净之心去看世界的话，那么我们就能够窥见那神圣、清净与和乐的净土世界了。

有一个女人已经34岁了，过着平静、舒适的中产阶层生活。但是，她突然连遭四重厄运的打击。丈夫在一次事故中丧生，留下两个小孩。没过多久，一个女儿被热水烫伤了脸，医生告诉她孩子脸上的伤疤终生难消，母亲为此伤透了心。她在一家小商店找了份工作，可没过多久，这家商店就倒闭关门了。丈夫给她留下一份小额保险，但是她耽误了最后一次保费的续交期，因此保险公司拒绝支付保费。一连串的不幸事件让女人近于绝望。她左思右想，为了自救，她决定再做一次努力，尽力拿到保险补偿。在此之前，她一直与保险公司的下级员工打交道。当她想面见经理时，一位多管闲事的接待员告诉她经理出去了。她站在办公室门口无所适从，就在这时，接待员离开了办公桌。

机遇来了。她毫不犹豫地走进里面的办公室。结果，看见经理独自一人在那里。经理很有礼貌地问候了她。她受到了鼓励，镇静地讲述了索赔时碰到的难题。经理派人取来她的档案，经过再三思索，决定应当以德为先，给予赔偿，虽然从法律上讲公司没有承担赔偿的义务。工作人员按照经理的决定为她办了赔偿手续。

但是，由此引发的好运并没有到此中止。经理尚未结婚，对这位年轻妇人一见倾心，他给她打了电话。几星期后，他为她推荐了一位医生，医生为她的女儿治好了病，脸上的伤疤被清除干净。经理又通过在一家大百货公司工作的朋友给她安排了一份工作，这份工作比以前那份工作好多了。不久，经理向她求婚。几个月后，他们结为夫妻，而且婚姻生活相当美满。

这个女人虽身处绝境，但她的心没有绝望，所以她也没有永远处于绝境。只有内心美好，才能看到一个世界的美好。

不为小事而烦恼

做人应大气一点，别老醉心于鸡毛蒜皮的小事。要知道在小事上纠缠，是对时间的浪费，也可以说就是对于生命的无端消耗。一个人虽不能玩世不恭、游戏人生，但也不能太较真，认死理。"水至清则无鱼，人至察则无徒"，太认真了，就会对什么都看不惯，也就无法在这个社会上生存。

有位朋友总抱怨他家附近商店里的售货员态度不好，像谁欠了她钱似的。后来，朋友偶然知道了售货员的身世：丈夫因车祸去世，老母瘫痪在床，上小学的儿子患哮喘病，她每月只能开很少的工资。一家三口住的是一间十几平方米的小平房。难怪她一天天地愁眉不展呢。这位朋友从此不再计较她的态度，甚至还悄悄地帮助她做些力所能及的事。最后，他们还成了好朋友。

一个人最想拥有的东西就是这个人的大事。虽然很多事情都是从小事开始的，但是，只有专心致志地做大事，才有可能谈得上高效率。然而既有趣又悲哀的是，我们通常都能够很勇敢地面对生活里面那些大危机，却经常被一些小事情搞得垂头丧气。

在日常生活中，小事也会把人逼疯。例如，在仲裁过四万多件不愉快的婚姻案件之后，芝加哥大法官埃尔文·约翰逊就曾经说过："婚姻生活之所以不美满，最基本的原因通常都是一些小事情。"纽约的地方检察官派蒂·波森也说过："我们的刑事案件里，有一半以上都起因于一些很小的事情。"

怎样化解这些小事对我们情绪的干扰，并且使我们把情绪波动的时间腾出来工作呢？

最专制的沙皇俄国凯瑟琳女皇二世在厨子把饭做坏了的时候，通常只是付之一笑。美国第 32 任总统富兰克林·D. 罗斯福与夫人刚刚结婚的时候，罗斯福夫人每天都在担心，因为她的新厨子做饭做得很差。后来她说："可是如果事情发生在现在，我就会耸耸肩，把这事给忘了。"事实就是这样，"耸耸肩"就是一个好做法。

罗斯福夫人还对她的厨子说过这么一个故事：

在科罗拉多州长山的山坡上，躺着一棵参天大树的残躯。它刚刚发芽的时候，哥伦布才刚刚在美洲登陆。第一批移民到美国来的时候，它才长了一半大。400年来，它曾经被闪电击中过14次，被狂风暴雨侵袭过无数次，它都安然无恙。但是在最后，一小队小甲虫攻击了这棵大树，那些小甲虫从根部往里咬，持续不断地往里咬，渐渐伤了大树的元气，终于使大树倒了下去。

是的，我们的生命也是这样，也是可以经历雷电的打击，却经不住一种叫作忧虑的小甲虫的咬噬。

罗斯福夫人所言不差，而我们更要清清楚楚地说，在多数的时间里，我们要想克服被一些小事所引起的困扰，只要把目光转移一下就行了——让我们有一个新的、能够使我们开心一点的看法——如此一来，热水炉的响声也可以被我们听成美妙的音乐。很多其他的小忧虑也是一样，我们不喜欢它们，结果弄得整个人很颓丧，原因只不过是我们不自知地夸大了那些小事的重要性。

当然，最重要的就是果断地舍弃那些小事。

善于遗忘，就是人生

人生短短几十年，何苦撑得那么疲累，何不学会忘却？一味地追求完美，但这个世界，根本就没有完美的东西，完美了反而是一种缺陷，有缺陷的东西才是真正的完美。人生更是如此，没有遗憾人生的人，并不完美。

生活里有鲜花和笑脸，但更多时候，却是苦酒，它会让你尝够酸甜苦辣，让你苦不堪言，有苦难言，"举杯消愁愁更愁，抽刀断水水更流"，满腹辛酸与谁说？这时，我要告诉你"学会遗忘"。遗忘那些不值得回忆的事情，对于现在所面对的痛苦，也是一种解脱，对疲惫不堪的心境，也是一种安慰。

人生在世，欢笑与快乐有时也会伴随着忧虑与烦恼。正如成功伴随着失败，如果一个人的脑子里整天胡思乱想，把没有价值的、消极的东西也记存在头脑中，那他或她总会感到前途渺茫，人生有很多不如意。所以，我们很有必要对头脑中储存的东西给予及时清理，把该保留的保留下来，把不该保留的予以抛弃。那些给人带来诸方面不利的因素，实在没有必要过了若干年还去回味或耿耿于怀。这样，人才能过得快乐一点、洒脱一点。

一个人如果把什么都能记得清清楚楚，大脑充满着各式各样的回忆，那实在是一件很可怕的事情，而且对你的精神状况更是有害而无益。

在现实生活之中，我们常会看到这样的不同现象。有一些人的思维特清晰，把所有那些大大小小、恩恩怨怨的事记得一清二楚，对什么事情也斤斤计较、耿耿于怀，结果呢？这些人非但解决不了事情，而且更患上难治愈的心病，最后弄得郁郁而终。但有些人面对烦恼时，解决方法就是将该记下的事情牢牢记下，该遗忘的，把那些不愉快的事情抛诸脑后，脑子里不停想着快乐的事情，别以为这些人是消极的做法。很多时候我们的脑子里烦恼不堪，想问题钻了牛角尖走进了死角，左想右想结果都会一样；我们可以尝试抽离自己，暂时把烦恼忘记，相隔一段时间后再追忆那些还未解决的事情，到了那时，可能你会找到更好的方法来解决心中的烦恼。

在人生的旅途当中，如果你永远把那些成败得失、功名利禄、恩恩怨怨、是是非非等都牢记在心中，让那些伤痛的心事、烦恼事、无聊事永远困扰着你，这样的生活你会活得快乐吗？在心中留下永不褪色的烙印，那就等于背了沉重的包袱、无形的枷锁，就会活得很累很苦，以致令你精神恍惚、心力交瘁，生命之舟就无所依从，而且你更会在茫茫大海中迷航，甚至有翻覆的危险，如我们在烦恼当中，调节自己适当地把事情遗忘，把不该记忆的事情如流水般忘掉，那就给自己拥有愉快心境的机会，完满将烦恼的事情解决，那就可以做到香港的一位学者——陶桀先生所说的心境："如烟红尘往事都忘却，淡然如水于心底洗擦。"人生有这样的心境，又有何求呢？

人生需要反思，需要不断总结教训，发扬优点，克服缺点。要学会遗忘，用理智过滤掉自己思想上的杂质，保留真诚的情感，它会教你陶冶情操。只有善于遗忘，才能更好地保留人生最美好的回忆。

多点宽容，多点谅解。一切的不快都只是过去，从零开始，从明天开始，那样才能跨越人生新的境界。要知道，胸怀宽广的人总能得到更多快乐。

人生需要反思，学会遗忘，用理智把所有的不快删掉，将它们通通移到垃圾箱，保留那些真诚的美好情感。

只有善于遗忘，才能更好地保留那些人生最美好的回忆……

忘却烦恼，享受精彩生活

人的一生来去匆忙，何必去折磨自己，有了健康的心理，就能战胜一切人生的障碍，快乐地生活一生。

生活中最难忘记的常常是烦恼。这足以看出我们的心灵对于烦恼是多么敏感。而面对它们，只有一种选择：战胜困难、忘记烦恼！

背负着过去的烦闷，夹杂着现今的苦恼，这对谁来说都是没有好处的，反而可能造成对现实的厌恶！与其这样，倒还不如超脱地忘掉它们。但要知道：忘却并不是让我们去逃避，而是快乐地去面对生活、努力进取！

　　从前，在山中的庙里，有一个小和尚被要求去买食用油。在离开前，庙里的厨师交给他一个大碗，并严厉地警告："你一定要小心，我们最近钱少，你绝对不可以把油洒出来。"

　　小和尚答应后就下山到厨师指定的店里买油。在上山回庙的路上，他想到厨师凶恶的表情及严肃的告诫，愈想愈觉得紧张。小和尚小心翼翼地端着装满油的大碗，一步一步地走在山路上，丝毫不敢左顾右盼。

　　很不幸的是，他在快到庙门口时，由于没有向前看路，结果踩到了一个洞。虽然没有摔跤，可是却洒掉了三分之一的油。小和尚非常懊恼，而且紧张得手都开始发抖，无法把碗端稳。最后回到庙里时，碗中的油就只剩一半了。

　　厨师拿到装油的碗时，当然非常生气，他指着小和尚大骂："你这个笨蛋！我不是说要小心吗？为什么还是浪费这么多油？真是气死我了！"

　　小和尚听了很难过，开始掉眼泪。另外一位老和尚听到了，就跑来问是怎么一回事。了解以后，他就去安抚厨师的情绪，并私下对小和尚说："我再派你去买一次油。这次我要你在回来的途中，多观察你看到的人和事物，并且需要跟我做一个报告。"

　　小和尚想要推卸这个任务，强调自己油都端不好，根本不可能既要端油，还要看风景、做报告。

　　不过在老和尚的坚持下，他只有勉强上路了。在回来的途中，小和尚发现其实山路上的风景真是美。远方看得到雄伟的山峰，又有农夫在梯田上耕种。走不久，又看到一群小孩子在路边的空地上玩得很开心，而且还有两位老先生在下棋。这样边走边看风景，不知不觉就回到庙里了。当小和尚把油交给厨师时，发现碗里的油装得满满的，一点都没有洒。

　　真正懂得从生活经验中找到人生乐趣的人，才不会觉得自己的日子充满压力及忧虑。

　　生活中有逆境也有顺境，在挫折中，一定要忘却烦恼，在顺境中，别忘记欣赏。

第九章　放下之后，走自己的路

当我们把该放下的都放下了，那么我们该起程了。人生的路还需要自己走，当我们轻装上阵，那么，我们将会收获精彩。

用自己的方式来主宰生活

有人想为自己的假期制订一个电视计划、一个戏剧计划和一个旅游计划……他想更合理地安排自己的时间。但是，如果速度比方向更重要的时候，不是很可笑吗？一边争分夺秒，一边却在大把大把地挥霍着岁月，甚至正在埋葬自己的梦想，这种做法难道不危险吗？这是因为他对于自己想要前进的方向考虑得太少的缘故。因为他不相信自己明天可以成为一个完全不同的人，做着与昨天和今天完全不同的事情。

我们的梦想和目标足以成为一种磁石，吸引万物和所有的人，使我们能逐渐将它变成现实。

每当我们以这种方式将注意力集中在我们的梦想上的时候，我们就在现有的起点与想要达到的目标之间架起了一座桥梁。每一次想象都会加深我们的梦想成为现实的必然性，这种确信会转化为促成成果的实际行动。自信也会在此过程中得以加强，从而激励我们去寻找可行的方式和机会。

吉尔贝特·卡普兰在25岁的时候创办了自己的第一份杂志。他是一个完全醉心于工作的人。在15年的时间里，他把自己的杂志办成了发行量巨大的知名杂志之一。他几乎夜以继日地工作着。可是在他40岁的时候，他突然出售了自己的企业，出什么事了？

有一天，他听了马勒的第二交响曲，乐曲深深地吸引了他，唤醒了他内心深处沉睡已久的东西。更重要的原因是他认为应该重新演绎马勒的第二交响曲，他觉得缺了点什么，他听到的演奏不符合马勒的原意。

他出售了自己的企业，决定要成为一个指挥家。所有的专业人士都一致认为他的做法是一次希望渺茫的冒险。因为卡普兰在此之前从来没有做过指挥，也根本不会演奏任何乐器。一个甚至连乐谱都读不懂的经理当指挥，这简直可笑极了。可是，这些批评意见动摇不了卡普兰的决心，他甚至将目标定得更高了：他要以一种全新的方式来演绎马勒的作品。

然后他就开始学习，他向最优秀的指挥家求教。他请了老师，不断地为自己的梦想而奋斗。只过了两年，他的梦想就成为现实。1996年，卡普兰就演奏了美国最成功的古典作品集，在同一年里，他作为一名受人仰慕的指挥家出席了萨尔茨堡音乐节的开幕式。

诺曼·文森特·皮尔一针见血地说："大多数人不愿意相信他们本身具备着所有可以让梦想成真的素质。因此，他们试着满足于那些与他们不相配的东西。"本杰明·迪斯雷里也说过："对于那些为了实现自己的誓言甚至不惜拿生命去冒险的人来说，没有任何东西可以摧毁他们的意志。"

为什么有的人能让别人为自己工作而另一些人却甘愿为别人卖力呢？区别就在于他们追求自己梦想的程度。当两个人相遇的时候，通常那个做出了真正的决策并竭尽全力要实现自己的目标的人总是能最终影响另一个人，而且或多或少地让他跟随自己的脚步前进。我们将梦想抓得越紧，我们就会越坚强，连上天都似乎在以一种神秘的方式帮助那些目标明确的人。

生命中没有比实现自己的梦想更让人满足的了。从另一方面说，世界上也没有比背叛并最终放下自己的梦想更令人沮丧的事情了。

你要以你的方式来生活。就像弗兰克·西纳特拉在歌中唱到的那样："更多，甚至更多的，是我以自己的方式来行事。"西纳特拉先生是这样生活的，也是这样辞世的。因此，美国总统在他的葬礼上说道："他以自己的方式而行事。"

我们有这样的选择：要么我们实现自己的梦想，要么我们帮助他人实现他们的梦想。一位母亲在临死前对她的儿子说："答应我，成为一个伟人。"亚伯拉罕·林肯向母亲做了保证，并成了一个伟人。

制定自己的生活原则

无论是什么性质的活动，总会对周围的人、周围的世界产生一定的影响，也就必然会受到来自周围世界的评论。这些评论可能是褒扬，也可能是非难。但不论是褒扬还是非难，都有理解与不理解、公正与歪曲的成分，所以，对于这些评论，不能一概地接受，跟着它团团转，否则，就会落得扛驴子的可笑结果。

许多人做一件事想做得面面俱到，别人叫他怎样做，他就怎样做，谁有意见就听谁的，没有一点个性。可是面面俱到的结果呢，却是没有人满意，反而也将自己置于无所适从的境地。

很久以前，有一个农夫，农夫有一头小毛驴。一天，农夫用驴驮着一袋土豆到集市去卖。卖完后，他牵着毛驴，哼着小曲往家走去。

有人见他牵着毛驴走，说道："真笨，有驴不骑，偏要走路。"

农夫听了觉得有道理，便骑上毛驴，果然很舒服，农夫非常高兴。

不久，迎面走来一人，见他骑着驴，就说："真不像话，毛驴每天为你辛辛苦苦劳累，你竟然还要骑它。"

农夫一想，那人说得对呀！自己真是没有良心。

他赶忙从驴背上跳下来，却不知如何对待驴子，骑吧，不对，不骑吧，也不对，最后他决定扛着毛驴回家。行人见状都指着他说："瞧，那个大傻瓜。"

农夫生气了，把毛驴扔下了悬崖，看见的人都说："真残忍，好端端的一头毛驴被毁了。"

农夫更生气了，心想："我死了，总不会有人说什么了吧？"于是他纵身跳下了悬崖。可是人们依旧说："这家伙真是不可救药，连自己都敢扔。"

可怜的农夫！本来他牵着毛驴走的时候很快乐，也没有不对——假如没有在意第一个人的话；本来他骑着毛驴也很舒服，也没什么不对——假如没有在意第二个人的话；本来他会拥有一头能干的小毛驴和鲜活的生命——假如没有在意路人的谈话。可事实上，他听信了所有人的意见，唯独没有坚持自己的主见，最终失去了快乐、毛驴，甚至生命。

从前，有一位画家想画出一幅人人见了都喜欢的画，画完后，他拿到市场上去展出。画旁放了一支笔，并附上说明：每一位观赏者，如果认为此画有欠佳之处，均可在画中标上记号。

晚上，画家取回了画，发现整个画面都涂满了记号——没有一笔一画不被指责。画家十分不快，对这次尝试深感失望。

画家决定换一种方法去试试。他又拿了一张同样的画在市场展出。可这一次，他要求每位观赏者将其最为欣赏的妙笔都标上记号。

当画家再取回画时，他发现画面又被涂遍了记号——一切曾被指责的笔画，如今却都换上了赞美的标记。

"哦！"画家不无感慨地说道，"我现在发现了一个奥妙，那就是：我们不管干什么，只要使一部分人满意就够了；因为，在有些人看来是丑恶的东西,在另一些人眼里则恰恰是美好的。"

我们要努力支配自己的命运。自己的未来,不要放在别人的手中,要自己发掘自己想要的,并且想办法获得它。我们要从别人手中拿回自己的画笔,以雄浑的笔力描画自己的人生。人生是我们自己的,当然要由我们自己把握,才能觉得它有价值。

做人面面俱到,既想讨好每一个人,又不想得罪每一个人,那是绝对不可能的。因为在为人方面,我们不可能顾及每一个人的面子和利益,你认为顾及到了,别人却不一定这么认为,甚至有的人根本不领情。再者,每一个人对相同一件事的感受和看法都有所不同,你让这个人满意,就会令那个人不满意。

你想做得面面俱到,其结果却只有两种可能:第一,自己累得半死;第二,被人捏住软肋,任人摆布。如何防止这两种可能发生的情况呢?如何做得让大家尽量满意呢?答案只有一个,做你自己,不要在意别人的脸色。你自己认为对的,你就雷打不动地去做吧。

你不必考虑怎样按别人的说法去做人,因为一个人不可能使所有的人都满意。如果去"以一身就(顺从)众口",那就会活得非常累。我们可以借古人常说的中庸之道作为立身行事的行为准则,不需要去管众人的评说。做人要有自己的个性,有自己的生活准则。

不要被心灵的枷锁所奴役

有个长发公主叫雷凡莎,她头上披着很长很长的金发,长得很俊很美。雷凡莎自幼被囚禁在古堡的塔里,和她住在一起的老巫婆天天说雷凡莎长得很丑。

一天,一位年轻英俊的王子从塔下经过,被雷凡莎的美貌惊呆了。从这以后。他天天都要到这里来一饱眼福。雷凡莎从王子的眼睛里认清了自己的美丽,同时也从王子的眼睛里发现了自己的自由和未来。有一天，她终于放下头上长长的金发。让王子攀着长发爬上塔顶，把她从塔里解救出来。

囚禁雷凡莎的不是别人，正是她自己，那个老巫婆是使她迷失自我的魔鬼，她听信了魔鬼的话，以为自己长得很丑，不愿见人，就把自己囚禁在塔里。

人在很多时候不就像这个长发公主吗？人心很容易被种种烦恼和物欲所捆绑。那都是自己把自己关进去的，就像长发公主对老巫婆的话信以为真，把自己囚禁起来一样。

就是因为自己心中的枷锁，我们凡事都要考虑别人怎么想，别人的想法深深套在心头，从而束缚了手脚，使自己停滞不前。正是因为自己心中的枷锁，我们独特的创意被自己抹杀了，认为自己无法成功；告诉自己，难以成为配偶心目中理想的另一半，无法成为孩子心目中理想的父母、父母心目中理想的孩子。然后，开始向环境低头，甚至认命、怨天尤人。

仔细想想，很多时候，在人生的海洋中，我们犹如一只游动的鱼，本来可以自由自在地游动，寻找食物，欣赏海底世界的景色，享受生命的丰富情趣。但突然有一天，我们遇到了珊瑚礁，然后就不愿再动弹了，并且呐喊着说自己陷入了绝境。想想不可笑吗？自己给自己营造了心灵的监狱，然后钻进去，坐以待毙。

人生的确充满许多坎坷、愧疚、迷惘、无奈。稍不留神，我们就会被自己营造的心灵监狱所监禁。而心灵监狱是残害我们心灵的杀手，它在使心灵凋零的同时又严重地威胁着我们的健康。

巴特先生面临了工作上的瓶颈，他很想突破，但却觉得似乎总是有心无力。于是，他决定找生涯辅导专家咨询。

他来到了生涯发展中心，辅导老师为他分析了现状及瓶颈产生的原因，也和他共同拟订了未来的行动方案。

然而，经过了几次的协谈，巴特先生仍然在原地踏步，不论是分析现况或规划未来，在磋商的过程中，巴特先生最常说的一句话就是："我知道……但是……"例如：

"我知道，我应该要努力走出一条属于自己的路，但是我担心自己的能力不够！"

"我知道自己最想做的是和艺术有关的工作，但是家人期望我当工程师。"

"我知道应该多运动。但是工作实在太忙了，没有时间。"

"我知道我要改一改自己的脾气，但是个性本来就不容易改变。"

虽然是一句看起来稀松平常，也常被挂在嘴边的话，然而，当我们也成为"巴特族"的一员，经常讲出这样的话时，就代表我们的思考模式已经习惯地朝向限制性的想法。

在日常生活中，我们经常不自觉地被一些习惯性的想法所限制，例如：

从来没人这样做过，还是不要冒险吧！

以目前的状况，绝对不可能完成。

这样做别人会怎么想？

这怎么可能做得到呢？别傻了。

我看不出有什么可能性，不可能会成功的。

我的学历（财力、人力等）不足，还是别妄想了。

心灵的力量是很大的，尤其是限制性或负面思考，形成了我们的内心对话，阻碍了我们迈向成长与成功的可能性。

为了迎合别人而活，那不是你

环顾我们周围，不难发现，要想使每个人都对自己满意，是不大可能。我们不可能顾及 每一个人，如果有 50% 的人对你感到满意，这就算一件令人高兴的事情了。只要看看西方的大选就够了：即使获胜者的选票占多数，但也还有 40% 之多的人投了反对票。因此，对一般的常人来讲，不管你什么时候提出什么意见，都会有 50% 的人可能提出反对意见，这是一件十分正常的事情。

当你认识到这一点之后，你就应该从另一个角度来看待他人的反对意见了。当别人对你的话提出异议时，你也不会再因此而感到不安，或者为了赢得他人的赞许而改变自己的观点。你应该意识到他只是与你意见不一致的 50% 中的一个人。只要认识到你的每一个决定总会遇到反对意见，那么你就可以摆脱情绪低落的困扰。当我们做事之前已经料想到某种后果，一旦出现这种后果时，你就不会出现很大的情绪波动，或者措手不及。因此，如果知道会有人反对自己的意见，你就不会自寻烦恼，同时也就不会再将别人对你的某种观点或某种情感的否定视为对你整个人的否定。当然，如果你坚信自己是正确的，就更不应该因为别人的看法而改变自己的决定，你就是你自己，没有必要为了迎合别人而活着。

美国著名女演员索尼亚·斯米茨的童年是在加拿大渥太华郊外的一个奶牛场里度过的。

当时她在农场附近的一所小学里读书。有一天，她回家后很委屈地哭了，父亲就问原因。她断断续续地说："班里一个女生说我长得很丑，还说我跑步的姿势难看。"父亲听后，只是微笑。忽然他说："我能摸得着咱家天花板。"正在哭泣的索尼亚听后觉得很惊奇，不知父亲想说什么，就反问："你说什么？"

父亲又重复了一遍："我能摸得着咱家的天花板。"

索尼亚忘记了哭泣，仰头看看天花板。将近 4 米高的天花板，父亲能摸得到？她怎么也不相信。父亲笑笑，得意地说："不信吧？那你也别信那女孩的话，因为有些人说的并不是事实？"

索尼亚就这样明白了，不能太在意别人说什么，要自己拿主意。她在二十四五岁的时候，已是个颇有名气的演员了。有一次，她要去参加一个集会，但经纪人告诉她，因为天气不好，只有很少人参加这次集会，会场的气氛有些冷淡。经纪人的意思是，索尼亚刚出名，应该把时间花在一些大型的活动上，以增加自身的名气。索尼亚坚持要参加这个集会，因为她在报刊上承诺过要去参加，"我一定要兑现诺言"。结果，那次在雨中的集会，因为有了索尼亚的参加，广场上的人越来越多，她的名气和人气因此骤升。后来，她又自己做主，离开加拿大去美国演戏，从而闻名全球。

自己拿主意，当然并不是一意孤行，而是忠于自己，相信自己。坎坷人生，很多时候我们都要自己拿主意。

美国历史上著名的总统林肯，在他上任后不久，有一次将六个幕僚召集在一起开会。林肯提出了一个重要法案，而幕僚们的看法并不统一，于是七个人便激烈地争论起来。林肯在仔细听取其他六个人的意见后，仍感到自己是正确的。在最后决策的时候，六个幕僚一致反对林肯的意见，但林肯仍固执己见，他说："虽然只有我一个人赞成，但我仍要宣布，这个法案通过了。"

表面上看，林肯这种忽视多数人意见的做法似乎过于独断专行。其实，林肯已经仔细地了解了其他六个人的看法并经过深思熟虑，认定自己的方案最为合理。而其他六个人持反对意见，只是一种条件反射，有的人甚至是人云亦云，根本就没有认真考虑过这个方案。既然如此，自然应该力排众议，坚持己见。因为，所谓讨论，无非就是从各种不同的意见中选择出一个最合理的。既然自己是对的，那还有什么犹豫的呢？我们并不主张让自己忍辱负重，或者任人宰割，但也不主张遇事立即爆发，甚至愚蠢到不看对象地爆发。被人打压时，聪明的方式是先收敛一下自己，暗地里"招兵买马"，然后找机会一蹴而就。